普通高等教育"十三五"规划教材
电子设计系列规划教材

数字系统课程设计
指导教程

牛小燕　李　芸　编著

U0304705

电子工业出版社
Publishing House of Electronics Industry
北京·BEIJING

内 容 简 介

本书从数字系统设计技术的实用角度出发，重点介绍数字系统课程设计实践的相关知识。从基于中小规模集成电路和基于可编程逻辑器件两个方面，选取难度适中的课程设计实例进行分析和设计，给出设计方案，重在提高读者的自主电子设计能力，启发设计思路，提高工程实践和创新能力。本书主要内容包括：数字系统设计概述，常用电子元器件、电路板简介与选择、焊接与调试技术；基本课程设计项目；EDA 工具简介；Verilog HDL 语言；基于 FPGA 的数字系统课程设计等，配套电子课件、设计指导参考方案等。

本书可作为高等学校电子类专业数字系统课程设计、EDA 课程设计等实验与实践课程的教材，也可作为大学生电子设计竞赛的参考教材，还可供从事电子技术开发的工程人员及广大电子技术爱好者作为数字电路设计入门的参考资料使用。

未经许可，不得以任何方式复制或抄袭本书之部分或全部内容。

版权所有，侵权必究。

图书在版编目 (CIP) 数据

数字系统课程设计指导教程 / 牛小燕，李芸编著. —北京：电子工业出版社，2016.6
ISBN 978-7-121-29123-4

I. ①数… II. ①牛… ②李… III. ①数字系统－系统设计－课程设计－高等学校－教学参考资料
IV. ①TP271

中国版本图书馆 CIP 数据核字（2016）第 135546 号

策划编辑：王羽佳
责任编辑：周宏敏
印　　刷：三河市双峰印刷装订有限公司
装　　订：三河市双峰印刷装订有限公司
出版发行：电子工业出版社
　　　　　北京市海淀区万寿路 173 信箱　　邮编：100036
开　　本：787×1 092　1/16　印张：9.25　字数：237 千字
版　　次：2016 年 6 月第 1 版
印　　次：2016 年 6 月第 1 次印刷
印　　数：3000 册　定价：29.90 元

凡所购买电子工业出版社图书有缺损问题，请向购买书店调换。若书店售缺，请与本社发行部联系，联系及邮购电话：（010）88254888，88258888。

质量投诉请发邮件至 zlts@phei.com.cn，盗版侵权举报请发邮件至 dbqq@phei.com.cn。

本书咨询联系方式：（010）88254535，wyj@phei.com.cn。

前　言

电子信息类专业是实践性很强的专业，学生不仅需要理论知识扎实，还应具备很强的动手实验能力和创新意识，因此需要进行大量的实践训练。

本书主要针对电子信息类专业知识的初学者，是为已经完成了电路原理、数字电路等基础课程后，所进行的数字系统课程设计环节而撰写的。考虑到学生知识面尚有限，所以设计项目的解决不涉及单片机、数字信号处理等知识即可完成。

随着 EDA 技术的飞速发展，各个高校纷纷将其作为学习数字电路知识的有力工具，引入到数字电路的教学之中。结合 EDA 技术、数字电路知识以及可编程逻辑器件（FPGA、CPLD等），可以设计出更丰富、更复杂的数字系统，充分发挥学生的创新精神和想象力。因此，本书也有专门的章节介绍相关的 EDA 知识，给出实例说明如何应用 EDA 技术进行数字系统设计。

本书从实用角度出发，将内容分为 3 部分，共 6 章。第一部分由第 1 章和第 2 章构成，是进行数字系统课程设计的知识和技能准备，主要介绍数字系统设计的基本方法、设计报告的撰写、基本元器件、电路板的选择与制作、焊接技术等基础知识。第二部分由第 3 章构成，主要基于传统的数字电路设计技术进行数字系统设计，给出了 5 个详细的数字系统课程设计实例，使学生能够进一步学习和巩固数字电路基本知识。第三部分为第 4 章~第 6 章，主要基于 EDA 技术进行数字系统的设计与实现。第 4 章介绍 EDA 的常用工具，包括 EDA 软件Quartus II 以及仿真工具 ModelSim 的使用。第 5 章介绍 Verilog HDL 语言。第 6 章给出了一些基于 FPGA 数字系统课程设计实例，具有一定的实用性和代表性。第 6 章和第 3 章有相似的设计题目，提供两种不同的设计思路，供读者对比和参考。另外在附录中，我们给出了 FPGA设计平台的相关资料介绍。

本书给出的基本数字系统课程设计项目，覆盖数字电路中组合逻辑电路、时序逻辑电路、触发器、算术电路等重要知识点；本书给出的基于可编程逻辑器件的课程设计项目，只给出最基本的解决方案，给读者以扩展和发挥的空间。

本书向使用本书作为教材的教师提供配套电子课件、实验项目参考设计方案、程序代码等。请登录华信教育资源网（http://www.hxedu.com.cn）免费注册下载。

本书的第 1~3 章由牛小燕编写，第 4~6 章由李芸编写，全书由牛小燕统稿。在本书的编写过程中，还得到盛庆华老师的帮助和支持，在此一并表示感谢。书中引用了许多学者的观点和成果，有些由于难以查明文献来源而未注明，在此一并致以敬意。

由于电子技术发展迅速，加之编者水平有限，难免有疏漏或错误之处，真诚希望广大读者提出批评和建议。

目　　录

第 1 章　数字系统课程设计概述

1.1　课程的目的与要求

　　数字系统课程设计是一门综合性、设计性、实践性很强的电子工程实训课程。这门课开设在"电路分析"、"数字逻辑电路"等基础课程后，要求学生运用所学的数字电路等相关知识，自选课题或者指定课题之后，以独立或合作的形式，经过广泛查阅资料，进行系统的方案设计，单元设计，软件仿真，制作硬件电路，再经过焊接调试，撰写分析总结报告等步骤，实现一个较大规模的数字系统的设计与制作。

　　这样系统性的工程训练对学生的成长非常有益。在这个过程里，学生不仅可以将所学理论知识和实际相结合，深化对理论知识的理解，学到课堂上很多学不到的实践知识，也可以培养动手能力，增强独立分析和解决问题的能力以及工程实践能力，激发学生的学习兴趣，以及启发学生的创新精神。

1.2　设计方法与步骤

1.2.1　设计方法

　　数字系统是以传输、处理数字信号为主的电子电路系统，一般由若干子系统或者子模块构成。例如，一个温度监控系统是由温度采集子系统、信号处理子系统、中央控制子系统及执行子系统等构成。子系统一般又可分解为更小的单元电路或者元件。值得注意的是，数字系统也可能包含模拟电路，并不等同于数字电路。

　　由于数字系统结构上的层次性，系统设计一般有自顶向下、自底向上及两者结合使用等方法。

1. 自顶向下法

　　自顶向下法，是从系统级出发，根据用户的设计需求和设计指标要求，做深入的调查研究，定义和描述所要实现的系统各项功能和技术指标、外部接口和协议等。再根据系统所应实现的各项功能，将系统划分为一个个子系统。子系统应相对独立，功能明确，规定好各个子系统之间的接口和耦合方式。子系统划分之后，再根据其功能要求，划分更小的子系统，直至最终用具体的部件、元件来实现。自顶向下法的设计思路如图 1-1 所示。

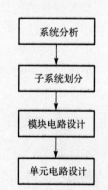

图 1-1　自顶向下设计思路

　　自顶向下法是个不断分解、不断细化的过程，使大型复杂系统的开发更具条理性、清晰性，更便于多人协作完成系统的开发，并使系统整体的功能和性能的实现得到保证。

2．自底向上法

自底向上的开发方法与自顶向下法正好相反，是从选择合适的元件和部件电路开始，将元件、部件设计成一个个功能独立的单元电路，当一个子单元电路不能直接实现系统所需的某项功能时，就需要设计多个单元电路组成的子系统来实现，直至系统所要求的全部功能都实现为止，如图1-2所示。

自底向上法可以继承使用经过验证的成熟的单元电路和子系统，从而实现设计复用，提高生产效率。它的缺点是系统的整体性能和功能的实现效果难以保证。

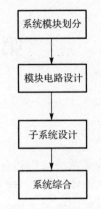

图1-2　自底向上设计思路

3．以自顶向下为主、自底向上为辅的方法

随着大规模电子系统设计技术的发展，为了实现设计复用及对系统进行模块化的测试，通常采用自顶向下为主，并结合自底向上的方法。这种方法既能保证系统化的清晰易懂以及可靠性高、可维护性好的设计，又能充分利用成熟化的设计模块，减少重复劳动，提高设计效率，因而在大型复杂系统的设计中被广泛应用。

1.2.2　数字系统开发的一般步骤

进行数字系统开发可以有多种方式和步骤，下面介绍一般性的开发步骤。

1．总体方案的设计和论证

进行数字系统设计时，首先应明确设计任务和要求，确定系统应实现的功能和指标、输入及输出信号。

然后，通过广泛查阅资料，了解课题的背景知识，学习国内外相关的设计思想和方法，运用自己所学的知识，进行总体方案的设计，确定设计算法。进行总体方案设计时，需要根据系统的设计要求，将系统分解为若干容易实现的子模块，并了解其中的设计重点和设计难点，明确各部分的接口和信号传递关系，确定大致的系统设计思想及主要使用的元件或部件等。描述系统算法，可以使用算法流程图、算法状态机图、方框图、硬件描述语言（HDL）等。其中，系统方框图是一种常用的描述方法。

一般情况下，要实现既定设计目标，可选的设计方案往往不是唯一的。可根据各个方案的成熟性、可靠性、经济性等方面的情况，做出合适自己的选择。

2．单元电路设计

将整体系统划分为若干独立功能的子模块后，接着就要着手设计各单元电路了。分析各单元电路的功能要求和技术指标，尽量采用成熟的设计方案，但也要善于创新。注意各单元电路之间信号的匹配、接口电路的设计等。尽量本着简单、实用、节能、经济的原则设计电路。单元电路设计完成之后，还应该进行整体分析，看看整体的性能是否合乎要求。否则，就需要进一步调整方案设计。

如果子系统过于复杂，可以进一步划分，直到每个部分逻辑清晰、便于设计为止。

3．元器件的选择和参数计算

选择元器件时，首先注重功能上满足需求，其次，不可忽视的是性能参数也要满足要求。数字电路的电气参数指标较少，一般只有最高工作频率、传输延迟、工作电压及驱动电流等几项指标，而这些指标往往取决于所选择的器件。因此设计数字电路，为了满足电气特性的要求，就是要选择合适的器件。

制作小型数字系统可以使用分立元件（74 系列、4000 系列等）、可编程逻辑器件（CPLD、FPGA 等）和半定制的 ASIC 等多种类型的器件，选择时要根据器件性能、自身对元器件的熟悉程度、开发时间和成本等因素来考虑并决定。

有些时候，选择元件需要进行参数的计算。在计算时，结果往往是一段范围，这时可根据可靠性、经济性等指标，选择最佳的器件来实现。

计算参数时，应把握几个原则。

（1）冗余原则：不要让元件长时间工作在极限状态下，应留有余地。一般选择极限参数在额定值 1.5～2 倍的元件。

（2）最坏情况原则：对于工作条件，应按照最坏情况去设计电路和计算参数，这样才能保证系统的稳定和可靠。

（3）最简原则：优化设计，在元件的使用上，尽量使得元件的种类最少，数量最少，但不能以牺牲系统的整体性能作为代价来精简。

另外，在电阻和电容的选择上，应选择计算值附近的标称值元件。例如，计算出来电阻为 5kΩ，则可选最常见的 4.7kΩ电阻或 5.1kΩ电阻。

4．制作与调试

电路设计完成后便可进行制作和调试了。制作方式可根据自身的情况选择面包板、PCB制板或者流片等。制作完成后，借助测试工具，如万用表、示波器等进行调试。可先分模块调试，然后再进行整体联调，直到系统的各项功能和性能指标满足为止。

5．撰写文档

设计文档是整个设计过程的详细说明。优秀的设计文档对于系统整个设计流程管理，设计者之间的协作和交流，系统后期升级更新、维护都有着重要的意义。如何撰写设计文档将在下一节详述。

1.3　课程设计报告的撰写

课程设计除了要设计制作一个小型数字系统之外，还需要撰写配套的设计文档，即课程设计报告。报告一般应包含下面几部分。

1．系统总的设计要求和技术指标

明确阐述要做什么，以及需要达到的具体技术指标和功能指标。

2．总体方案设计和比较

根据设计要求，广泛查阅资料，确定设计方案。可以多找几种方案，并加以对比论证，选取适合的方案。确定输入/输出信号，给出电路设计系统框图并加以说明。

3. 单元电路设计说明

进行详细的单元电路设计，给出设计电路图或者硬件描述语言（HDL）代码。各单元电路之间接口要定义清楚。

4. 元器件参数设计与选择

说明所用到元器件的参数分析计算和选择依据，并附元器件清单。

5. 制作与调试

阐述电路的制作过程、制作方法，在调试过程中主要遇到了哪些问题，以及解决方法。

6. 测试结果与结论

电路制作实物的运行测试结果，与预期的功能和性能指标进行比较，说明实物的优缺点，存在的问题，以及改进的措施。

7. 收获、体会和建议

阐述在课程设计中所取得的收获、体会，以及对课程设计内容和形式各方面的建议。

8. 附件（PCB 电路图、程序代码等）

另外，在撰写课程设计报告时，还应注意语句通顺，文字简练，条理清楚，结构合理，计算正确，图表按制图规范绘制，清楚美观。

第 2 章 课程设计的基础知识

2.1 常用电子电路元器件介绍

2.1.1 集成电路

数字系统中，会用到大量的数字集成电路，也会用到一些模拟集成电路。所谓的集成电路是指采用一定的工艺，将晶体管、电阻、电容等元件及连线集成在硅基片上而形成的具有一定功能的器件，简称 IC，俗称芯片。

1. 模拟集成电路

常见的模拟集成电路有集成运算放大器、比较器、对数和指数放大器、模拟乘（除）法器、锁相环、电源管理芯片等。模拟集成电路主要构成的电路有放大器、滤波器、反馈电路、基准源电路、开关电容电路等。

2. 数字集成电路及分类

数字集成电路发展多年，具有很多不同种类和功能的芯片。常见的数字集成电路有基本逻辑门、触发器、寄存器、译码器、驱动器、计数器、整形电路、可编程逻辑器件、微处理器、单片机、DSP 等。

如果根据数字集成电路中包含的门电路或元器件数量，可将数字集成电路分类如下。

（1）小规模集成（SSI）电路：小规模集成电路包含的门电路在 10 个以内或元器件数不超过 100 个。

（2）中规模集成（MSI）电路：中规模集成电路包含的门电路在 $10\sim100$ 个之间，或元器件数在 $100\sim1000$ 个之间。

（3）大规模集成（LSI）电路：大规模集成电路包含的门电路在 100 个以上，或元器件数在 $103\sim105$ 个之间。

（4）超大规模集成 VLSI 电路：超大规模集成电路包含的门电路在 1 万个以上，或元器件数在 105 以上。

若按照半导体工艺分类，可将数字集成电路分为双极型集成电路，其代表有 TTL 及 ECL 等类型的集成电路；单极型集成电路，典型类型有 CMOS、PMOS、NMOS 等。

3. 数字集成电路的系列

不论是 TTL 类型的集成电路还是 CMOS 类型的集成电路，都包含多个系列，详见表 2-1。

表 2-1　TTL 与 CMOS 集成电路各种系列名称表

类型	系列	全称	中文释义
TTL	ALS	Advanced Low-Power Schottky Logic	先进低功耗肖特基逻辑器件
	AS	Advanced Schottky Logic	先进肖特基逻辑器件
	LS	Low-Power Schottky Logic	低功耗肖特基逻辑器件
	S	Schottky Logic	肖特基逻辑器件
CMOS	AC	Advanced CMOS Logic	先进 CMOS 逻辑器件
	ACT	Advanced CMOS Logic	与 TTL 电平兼容的先进 CMOS 逻辑器件
	AHC	Advanced High-Speed CMOS	先进高速 CMOS 逻辑器件
	AHCT	Advanced High-Speed CMOS	与 TTL 电平兼容的先进高速 CMOS 逻辑器件
	HC	High-Speed CMOS Logic	高速 CMOS 逻辑器件
	HCT	High-Speed CMOS Logic	与 TTL 电平兼容的高速 CMOS 逻辑器件

4．数字集成电路的命名规则

每种逻辑器件的命名规则有所不同，具体详见各公司的数据手册（Data Sheet）。下面以 CT74LS161CJ 为例，分析命名的含义。其中，C 表示中国制造；T 表示器件类型为 TTL 集成电路；74 表示民用系列，若为 54 则表示军用；LS 表示制造工艺类为低功耗肖特基型；161 表示其逻辑功能，为十六进制加法计数器；C 表示工作温度，范围为 0～70℃；J 表示封装类型为双列直插式。

5．逻辑器件使用注意事项

CMOS 电路使用的时候要注意下面几个方面。

（1）COMS 电路是电压控制器件，它的输入阻抗很大，对干扰信号的捕捉能力很强，所以多余不用的输入引脚不要悬空。因为输入端的悬空会因静电感应或因外界干扰影响电路的正常工作，甚至造成电路击穿。应根据逻辑功能，通过接上拉电阻或者下拉电阻，输入一个稳定的低电平或者高电平信号。

（2）尽量不用手触碰 CMOS 芯片的引脚，人体的静电有可能使管子静电击穿。

（3）输入端接低内阻的信号源时，要在输入端和信号源之间串联限流电阻，使输入的电流限制在 1mA 之内。

（4）当接长信号传输线时，在 COMS 电路端接匹配电阻。

（5）当输入端接大电容时，应该在输入端和电容间接保护电阻。电阻值为 $R=V_0/1\text{mA}$。V_0 是外界电容上的电压。

（6）CMOS 集成电路各输出端不允许短路，也不能直接和电源、地相接。

（7）CMOS 集成电路中的 V_{dd} 表示漏极电源电压，一般接电源正极，V_{ss} 表示源级电源电压，一般接电源负极或接地，电源极性不能接反。

（8）更换或移动集成电路的时候，应切断电源，否则电流的冲击可能会损坏器件。

（9）CMOS 集成电路应先接通电源，再接入输入信号，不允许在尚未接通电源时先接输入信号。断开的时候应先断开输入信号，再切断电源。

TTL 集成电路使用的时候，要注意下面这些事项。

（1）TTL 的电源电压是+5V，74 系列的电源电压范围为 5V±5%，54 系列的电源电压范围是 5V±10%。使用的时候，电源电压不能超出范围，否则会烧毁器件。

（2）TTL 集成电路，输入端悬空相当于高电平，但在电路中，如果悬空不接，容易受到干扰，因此不用的输入端尽可能根据电路的逻辑接高电平或者接地，从而保证运行的稳定。

（3）普通 TTL 集成电路各输出端不能并联，OC 输出和三态输出除外。

（4）更换和移动集成电路时应先切断电源，否则电流的冲击可能会烧毁芯片。

6．逻辑电平及相互驱动

TTL 和 CMOS 的逻辑电平按典型电压可分为 4 类：5V 系列（5V TTL 和 5V CMOS）、3.3V 系列、2.5V 系列和 1.8V 系列。

各类逻辑电路输入高低电平和输出高低电平值如图 2-1 所示，每种系列的电路各种逻辑电平范围是不一样的。

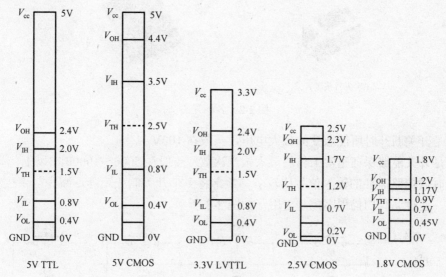

图 2-1　各类逻辑电平一览

如果将不同逻辑电路连接在一起，需要注意是否能够直接驱动。直接驱动的条件是：电压需满足 $\begin{cases} V_{OH(min)} \geqslant V_{IH(min)} \\ V_{OL(max)} \leqslant V_{IL(max)} \end{cases}$，电流也需满足 $\begin{cases} I_{OH(max)} \geqslant n I_{IH(max)} \\ I_{OL(max)} \geqslant n I_{IL(max)} \end{cases}$，其中 n 为负载门的个数。

如果不能直接驱动，就需要采用驱动电路，例如加上拉电阻、使用 OC 门或者专用的驱动芯片来实现。

2.1.2　开关

开关是用来接通或者断开电源的器件，数字系统中常用的开关有轻触开关、拨码开关、钮子开关、薄膜开关等，如图 2-2 所示。开关也分为单刀单掷、单刀双掷、双刀双掷、单刀多掷等多种类型。

开关一般有闭合和断开两种状态，可以很方便地与其他元件组成电路，由开关的通断控制输出高电平或者低电平，表示数字信号"0"或者"1"。

开关的主要参数有额定电压、额定电流、接触电阻、耐压及寿命等。

额定电压和额定电流即开关在正常工作状态下允许施加的最大电压和电流。

接触电阻即开关闭合后两端的电阻，一般在 20mΩ 以下，大部分情况下可以忽略不计。

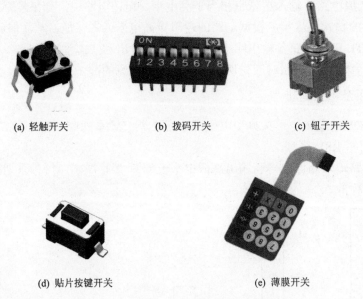

(a) 轻触开关　　　　　(b) 拨码开关　　　　　(c) 钮子开关

(d) 贴片按键开关　　　　　　　(e) 薄膜开关

图 2-2　各种开关

耐压是开关断开时所能承受的最大电压，一般在 100V 以上。

寿命是开关能够保证正常工作的最大按压次数，一般在 5000～10000 次以上。

有的时候电路需要的输入信号比较多，常常将多个开关制成矩阵，减少与主控制芯片的连线数量，通过编写扫描程序控制使用，如图 2-3 所示。

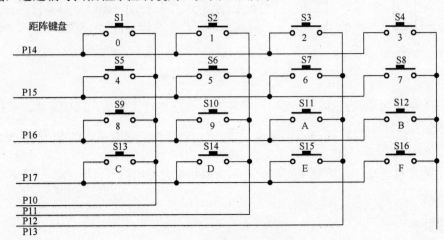

图 2-3　矩阵键盘原理图

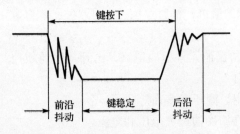

由于大多数开关为机械装置，核心部件是弹簧金属弹片，关断的时候会产生多次来回弹跳，俗称抖动。而数字电路对信号边沿非常敏感，因此有可能产生误操作，一般需要采用硬件或者软件的方法去除抖动的影响。硬件消抖是利用电路滤波的原理实现的，软件消抖是通过按键延时来实现的，如图 2-4 所示。

图 2-4　开关闭合和断开时产生抖动

2.1.3　显示元件

　　发光二极管是最常见的显示元件，是二极管的一种，简称 LED（Light Emitting Diode），在正常电流的作用下能够发光，把电能转换成光能。它与普通二极管类似，具有单向导电性，符号如图 2-5 所示。LED被称为第四代光源，具有体积小、低功耗、高亮度、可靠性高、速度快、节能环保等特点，被广泛应用于各种指示、显示、装饰、背光源、普通照明等领域。

　　发光二极管有很多种，常见的有单色 LED、变色 LED、红外 LED、闪烁 LED 等。构成发光二极管 PN 结的材料不同，可以发出红、绿、黄、白、蓝等多种不同的颜色。例如，磷化镓二极管发绿光，砷化镓二极管发红光。发光二极管的封装有多种，常见的是引脚式的，如图 2-5 所示，直径有 3mm、5mm 等，也有贴片式的。

　　发光二极管的正向导通压降比普通二极管要大，大概在 1.7～3V 范围内。按照红、橙、黄、绿、蓝的顺序，正向导通压降依次升高。发光二极管的工作电流一般在 5～20mA，在规定范围内，工作电流的大小与亮度成正比，工作电流越大，发光二极管越亮。但是工作电流超过限度时会烧毁管子，因此在使用时经常需要串联电阻限流。

　　发光二极管的阳极和阴极的辨别方法有多种，最直接的就是目测法，如图 2-6 所示，电极较小、引脚较长的为阳极，电极较大、引脚较短的是阴极。但是这种方法也不一定准确，因为不同厂商的制作工艺不同，有可能变换引脚的长短。那我们就需要串联一个 1kΩ 左右的电阻，加 5V 的电源，实际测试一下来判断其阳极和阴极。

图 2-5　发光二极管示例及符号图

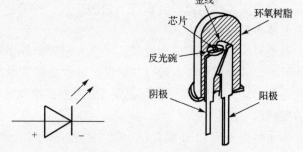

图 2-6　发光二极管的剖面图

　　单个的发光二极管常用于作为各种指示灯，如果把多个发光二极管集合起来，按照数码的方式排列制作的器件叫作 LED 数码管。LED 数码管有七段数码管、八段数码管及多段数码管，八段数码管比七段数码管多了一个小数点，多段数码管如图 2-7 所示，可以显示更丰富的信息。

图 2-7　16 段数码管和 14 段数码管

　　LED 数码管有两种连接方式，如图 2-8 所示，如果把所有发光二极管的阳极接在一起作为公共端，则称为共阳极数码管；反之，如果把所有阴极接在一起作为公共端，则称为共阴级数码管。共阳极数码管使用的时候，将公共端接电源正极，当输入信号为低电平时，相对应的段亮。而共阴级数码管正好相反，使用时公共端应接地，输入信号为高电平时，相对应的段亮。

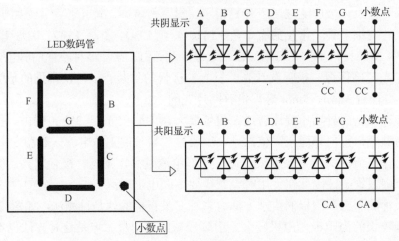

图 2-8　LED 数码管的构成

　　LED 数码管的伏安特性和单个发光二极管类似，使用时应注意工作电流的大小，正向电流应小于最大工作电流，并留有一定的余量。不管是共阳极数码管还是共阴级数码管，使用时都需要串联电阻限流。

　　有的时候需要使用多个数码管组合表示多位数字的信息，如图 2-9 所示，选择使用多位数码管可以减少驱动输入端口的数量。多位数码管通常包括 8 段数据输入引脚和各位数码管的位选信号输入引脚，一般用动态扫描的方式控制其显示信息，具体的引脚功能要查阅数码管的资料。

　　如果将更多的 LED 聚合在一起，排列成阵列的形式，则制成的器件叫作点阵，如图 2-10 所示，这是一个 8×8 的点阵。

图 2-9　多位数码管示例

图 2-10　LED 点阵示例

　　LED 点阵可以表示更丰富的信息，例如图形、文字等。由于 LED 亮度比较高，户外的广告牌、交通信号灯等用的大部分都是 LED 点阵或者 LED 显示屏。

　　OLED 即有机发光二极管，除了 LED 显示器的优势外，还有超轻超薄、可弯可折的特点，是近些年发展迅速的一类显示器件。

2.1.4　电阻

电阻是大家都很熟悉的元件，对电流起阻碍作用，能将电能转化为热能，是一种耗能元件。电阻在电路中常常用于分压或者限流。电阻的种类很多，常见电路如图 2-11 所示。

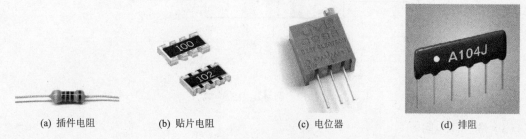

(a) 插件电阻　　　　(b) 贴片电阻　　　　(c) 电位器　　　　(d) 排阻

图 2-11　各种电阻示例

我们在使用电阻时要注意三个方面。一个是电阻的阻值大小，一个是电阻的精度，还有容易忽略的是电阻的额定功率。

有些电阻直接在表面上标注其大小，如 510 表示 510Ω。贴片电阻因为体积小，常用三位数字表示大小，前两位是有效数字，最后一位如果是 0~8，表示的是数量级，也就是有效数字乘以 10 的几次方，如果最后一位是 9，则表示需要乘以 0.1。例如，标识为 102 的电阻，表示 $10 \times 10^2 = 1\mathrm{k}\Omega$。

而常见的插件电阻是用色环来标称其阻值的，每种颜色的色环含义如表 2-2 所示。

表 2-2　色环代表的含义

颜色	数值	倍乘数	误差%
黑	0	1	
棕	1	10	±1
红	2	100	±2
橙	3	1k	
黄	4	10k	
绿	5	100k	±0.5
蓝	6	1M	±0.25
紫	7	10M	±0.1
灰	8		±0.05
白	9		
金		0.1	±5
银		0.01	±10

读取电阻值的步骤如下。

（1）找到第 1 色带，如图 2-12 所示。

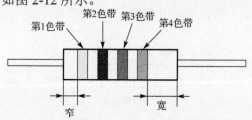

图 2-12　色环电路第 1 色带的识别

（2）读四环电阻。

例如，图 2-13 中的电阻第 1 色环黄色，第 2 色环紫色，第 3 色环橙色，第 4 色环银色，因此电阻值为 $47 \times 10^3 \pm 10\%$。

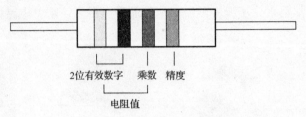

图 2-13   四环电阻的读数

（3）读五环电阻。

例如，图 2-14 中的电阻第 1 色环黄色，第 2 色环紫色，第 3 色环黑色，第 4 色环橙色，第 5 色环红色，因此，图中的电阻值为 470×103，精度为 $\pm 2\%$。

当电阻中流过的电流过大时，电阻会烧毁，所以在使用电阻时还应注意电阻的额定功率。常见的额定功率有 1/16W、1/8W、1/4W、1/2W、1W、2W、5W、10W 等，额定功率应该是实际功率的 1.5～2 倍。

如果需要阻值可调，则要用到电位器。电位器的符号如图 2-15 所示，如果改变了中间滑片的位置，则滑片与两端的阻值都发生改变。电位器一般是机械式的，也有数字电位器，可以通过脉冲信号调节电阻阻值，控制更为方便。选用电位器时也需要考虑功率、使用是否便利以及经济等因素。

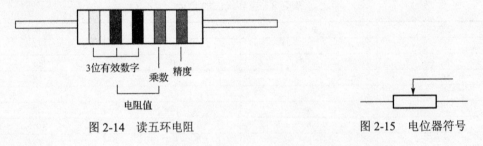

图 2-14   读五环电阻   图 2-15   电位器符号

2.1.5   电容

电容是由两片金属膜紧靠、中间用绝缘材料隔开而组成的元件（或称电容量），是电子电路中大量使用的元件，是表征电容器容纳电荷本领的物理量。我们把电容器两极板间的电势差增加 1V 所需的电量，叫作电容器的电容。电容的特性主要是隔直流通交流，电容主要应用于电源滤波、信号滤波、信号耦合、谐振、隔直流等电路中。电容以容量是否可调可以分为固定电容、可变电容和可调电容，其符号如图 2-16 所示。

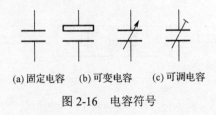

(a)固定电容   (b)可变电容   (c)可调电容

图 2-16   电容符号

固定电容由于制作原料、制作工艺的不同，性能上也有很大不同。瓷片电容容量一般不大，高频性能好，耐高压；云母电容精度高、稳定性好、高频性能好；独石电容容量大但不耐高压；涤纶电容性能稳定、容量较大，常用于工作电压较低的环境下的滤波、振荡、放大等电路中；电解电容的容量一般很大，常用于电源电路中。

电容也常以电介质来分类，分为有机介质电容器、无机介质电容器、气体介质电容器和电解电容等。

电容有标称值及精度、额定电压等参数，使用的时候应根据电路环境，选择合适的电容。

电容的命名一般由 4 部分组成，格式如下：

名称（字母）+材料（字母）+特征（字母或数字）+序号（数字）

（1）第一部分，用字母 C 表示电容器。

（2）第二部分，用不同字母表示不同材料。例如，A 表示钽电解电容，C 表示高频陶瓷，D 表示铝电解，O 表示玻璃膜，T 表示低频陶瓷，Y 表示云母，Z 表示纸介。

（3）第三部分，用字母或数字表示特征。

（4）第四部分，序号，用数字表示。

例如，CY5101，云母电容，一级精度（±5%），510pF。

电容的使用要遵循一定的规则，电容在电路中承受的实际电压不能超过其额定电压；交流电压的峰值也不能大于电容的耐压值；电解电容有正负极性，不能接反；不同的电路选用不同的电容，例如高频振荡选用云母或高频瓷片电容，旁路电容可使用涤纶、纸介质、陶瓷、电解等电容；安装电容的时候宜将标示朝外，便于检查。

电容的识别方法与电阻的识别方法基本相同，分直标法、色标法和数标法 3 种。电容的基本单位用法拉（F）表示，其他单位还有：毫法（mF）、微法（μF）、纳法（nF）、皮法（pF）。其中，1 法拉=10^3 毫法=10^6 微法=10^9 纳法=10^{12} 皮法。容量大的电容其容量值在电容上直接标明，如 10μF/16V。容量小的电容其容量值在电容上用字母表示或数字表示。字母表示法如，1m 表示 1000μF，1P2 表示 1.2pF，1n 表示 1000pF。数字表示法，一般用三位数字表示容量大小，前两位表示有效数字，第三位数字是倍率。例如，102 表示 $10×10^2$=1000pF，224 表示 $22×10^4$pF=0.22μF。表 2-3 为电容容量误差表，例如，一瓷片电容标称为 104J 表示容量为 0.1μF，误差即为±5%。

表 2-3　电容容量误差表

符号	F	G	J	K	L	M
误差	±1%	±2%	±5%	±10%	±15%	±20%

2.1.6　二极管

半导体二极管又称晶体二极管，简称二极管（diode），其内部就是一个 PN 结，符号如图 2-17 所示。

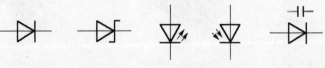

普通二极管　　稳压二极管　　发光二极管　　光电二极管　　变容二极管

图 2-17　二极管的符号

二极管的典型特性是单向导电性。在电路中，电流只能从二极管的阳极流入，阴极流出。图 2-18 是部分常见二极管的外观。

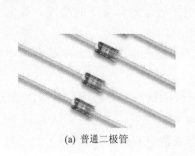 

(a) 普通二极管　　　　　　(b) 发光二极管　　　　　　(c) 贴片二极管

图 2-18　常见二极管的外观

必须说明，当加在二极管两端的正向电压很小时，二极管仍然不能导通，流过二极管的正向电流十分微弱。只有当正向电压达到某一数值（这一数值称为"门槛电压"，锗管约为 0.2V，硅管约为 0.6V）以后，二极管才能真正导通。导通后二极管两端的电压基本上保持不变（锗管约为 0.3V，硅管约为 0.7V），称为二极管的"正向压降"。

晶体二极管在电路中常用"D"加数字表示。例如，D5 表示编号为 5 的二极管。

二极管的主要特性是单向导电性，也就是在正向电压的作用下导通电阻很小，而在反向电压作用下导通电阻极大或无穷大。正因为二极管具有上述特性，无绳电话机中常把它用在整流、隔离、稳压、极性保护、编码控制、调频调制和静噪等电路中。电话机里使用的晶体二极管按作用可分为：整流二极管（如 1N4004）、隔离二极管（如 1N4148）、肖特基二极管（如 BAT85）、发光二极管、稳压二极管等。

二极管的识别很简单，小功率二极管的 N 极（负极）在二极管外表大多采用一种色圈标出来，有些二极管也用二极管专用符号来表示 P 极（正极）或 N 极（负极），也有采用符号标志为"P"、"N"来确定二极管极性的。发光二极管的正负极可从引脚长短来识别，长脚为正，短脚为负。

用数字式万用表去测二极管时，红表笔接二极管的正极，黑表笔接二极管的负极，此时测得的阻值才是二极管的正向导通阻值，这与指针式万用表的表笔接法刚好相反。

2.1.7　三极管

半导体三极管也称双极型晶体管、晶体三极管，简称三极管，是一种电流控制的半导体器件。三极管能把微弱信号放大成幅值较大的电信号，在数字系统中经常用作无触点开关，常见三极管如图 2-19 所示。

(a) 普通三极管　　　　　　(b) 贴片三极管　　　　　　(c) 开关三极管

图 2-19　常见三极管外观

三极管常见的有 NPN 型、PNP 型两种，如图 2-20 所示。

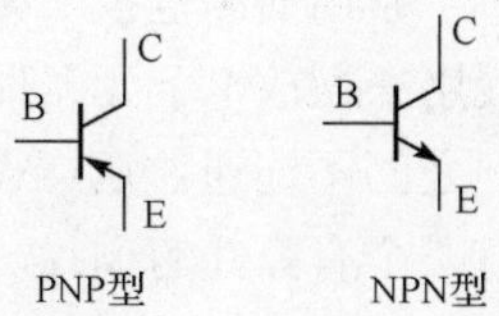

晶体三极管在电路中常用"Q"加数字表示。例如，Q17 表示编号为 17 的三极管。

如何判断三极管的极性呢？一般来说，正常的 NPN 结构三极管的基极（B）对集电极（C）、发射极（E）的正向电阻是 430～680Ω（根据型号的不同，放大倍数的差异，这个值有所不同），反向电阻无

图 2-20　三极管的符号

穷大；正常 PNP 结构的三极管的基极（B）对集电极（C）、发射极（E）的反向电阻是 430～680Ω，正向电阻无穷大。集电极 C 对发射极 E 在不加偏流的情况下电阻为无穷大。

因此，检测的时候，可以先假设三极管的某极为"基极"，将万用表黑表笔接在假设的基极上，再将红表笔依次接到其余两个电极上，若两次测得的电阻都很大（约几十千欧），或者都小（几百欧至几千欧），则对换表笔重复上述测量；若测得两个阻值相反（都很小或都很大），则可确定假设的基极是正确的，否则另假设一极为"基极"，重复上述测试，以确定基极。

当基极确定后，将黑表笔接基极，红表笔接其他两极，若测得电阻值都很少，则该三极管为 NPN，反之为 PNP。

确定基极后，剩余两极一个是集电极，一个是发射极。先假设余下引脚之一为集电极 C，另一个为发射极 E，用手指分别捏住 C 极与 B 极（即用手指代替基极电阻 R_B）。同时，将万用表两表笔分别与 C、E 接触，若被测管为 NPN，则用黑表笔接触 C 极、用红表笔接 E 极（PNP 管相反），观察指针偏转角度；然后再设另一引脚为 C 极，重复以上过程，比较两次测量指针的偏转角度，偏转角度大的一次表明集电极电流大，管子处于放大状态，相应假设的 C、E 极正确。

2.2　电路板的选择与制作

2.2.1　常用电路板

1）面包板

面包板如图 2-21 所示，是一块布满插孔的电路板基座，电子元器件和导线可以在上面随意插入、拔出，所以电路的实现和修改都非常方便，常用于电子电路实验。

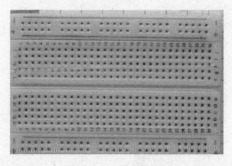

图 2-21　面包板示例

面包板不需要焊接，所以在面包板上用过的元件可以被重复利用多次。面包板适用于测试自己的电路设计，并可以验证已经发布了的工程的创意。

常用的面包板如图 2-21 所示，通常分为中部的元器件区和上下的电源区两部分。中部一般用来摆放电子元器件以及根据需要连接导线。每一竖列，5 个孔为一组，是相通的，而列与列之间不连通，这样设计既可以灵活地连接电路，又可以节省不少连接线。每个方形的孔内有一个有弹性的铜片，当金属导线或者元器件引脚插入其中时，就接通了组内的 5 个孔。

横向排列的也是 5 个孔一组，相互连通，组与组之间不连通，便于根据需要安排电源或者地。

使用面包板专用跳线和各种基本元器件，例如芯片、开关、电源、电阻等，就可以在面包板上搭建各种电路了。

面包板的优点是可插拔，可反复使用，不需要焊接。缺点是易损坏，不耐热，不能用在高频环境中。

2）万用板

万用板，也叫万能板，是一种通用设计的电路板。万用板的布局类似面包板，如图 2-22 所示，横平竖直布满焊盘，有些板子边缘或者中心有连成排的焊盘用来布电源和地线。设计者可以根据自己的需要在万用板上插装元器件，连接导线，实现电路。

万用板与面包板最大的不同是：面包板插接导线和元器件即可，万用板需要使用电烙铁焊接才能实现电气连接。

图 2-22　万用板样例

万用板有各种规格，各种尺寸，各种布局，板上的焊盘尺寸一般采用标准的 IC 间距 2.54mm（100mil）。万用板在使用的时候，一般元器件集中放置在没有焊盘的那一面，元器件的引脚插入焊孔，在有焊盘的另一面焊接和走线。

万用板的优势在于价格便宜，使用方便、灵活。缺点也很明显，需要手工设计好连线，当导线比较多的时候还需要飞线，只能实现比较小型的电路，电路的性能和可靠性不如印刷电路板。

3）印刷电路板

如果对电路的可靠性、稳定性要求比较高，或电路本身比较复杂，或使用贴片的元器件，则适宜选择印刷电路板（PCB）来实现。

印刷电路板是通过电路板上的印刷导线、焊盘和金属化过孔等来实现电路元器件各个引脚之间的电气连接，从而满足设计要求，是目前电子产品主要的一种装配方式。一款性能良好的电子产品，除了原理设计要正确、合理之外，印刷电路板的制作工艺也非常重要，也是决定产品是否正常工作的关键环节。图 2-23 给出了一个 PCB 的局部设计图。

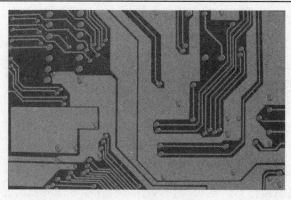

图 2-23　PCB 局部

按照覆铜板的导电层数，PCB 可以分为单层板、双层板和多层板。单层板是一面有覆铜、一面绝缘的 PCB，成本较低，易于实现，适合简单的电路。双层板是正反两面都有覆铜、都可以布线的 PCB，两层之间可以采用过孔来实现电气连接，可以实现较为复杂的电路，应用广泛。多层板就是包含多个工作层的 PCB，比如信号层、电源层、地线层、机械层、阻焊层等。常见的多层板有 4 层板、6 层板、8 层板等，每一层独立布线，各层之间可以通过过孔实现连接。多层板布线可以大大提高电路的可靠性和稳定性，具有连线短、布通率高、面积小等优点，广泛用于比较复杂而又对性能要求较高的电路。

2.2.2　印刷电路板的设计与制作

1. PCB 的设计注意事项

PCB 的设计关乎着电路能否正常、可靠地工作，因此是电路制作中关键的一步。PCB 应该遵循正确、可靠、合理、经济的原则进行设计，首先保证正确地实现原理图的连接关系，布局合理，布线恰当，在满足性能要求的基础上尽量降低成本。

PCB 布局是对电子系统各部分在线路板上放置的位置、元器件的朝向做出统筹安排，PCB 布局需要注意的问题如下：

（1）在进行 PCB 布局的时候，首先根据电路的具体情况，确定需要用几层板来实现，以及 PCB 的尺寸大小。需要考虑是否需要单独的电源层和地线层、PCB 的大小是否满足布线的要求、是否有外壳的限制、是否满足与外界的接口大小的要求等。

（2）布局时，要对所用器件的型号规格、尺寸大小有明确的认识，根据信号的传输关系合理布局。在保证布线能够布通的前提下，连线尽可能短，关键信号线最短，高频元器件之间的连线尽可能短，强弱信号要分离，模拟信号和数字信号也要分开，还要考虑电磁兼容性、抗干扰性、去耦等因素。

（3）布局要尽量均匀分布，元器件排列整齐美观。元器件的放置要考虑特殊元件的特殊要求。例如，质量大的元器件要考虑安装位置和安装强度，发热的元器件要考虑散热的问题，不能距离热敏元件太近。

（4）使用同一个电源的元器件应考虑尽量放在一起，用于去耦的电容应靠近芯片的电源引脚，使之与电源和地之间形成的回路最小。

（5）需要调试和安装的元件周围要留出足够的空间，便于电路检修。

（6）对于易产生噪声的元器件，如时钟发生器和晶振等高频器件，布局时应尽量放在靠近 CPU 的时钟输入端。大电流电路和开关电路也易产生噪声，这些元器件或模块也应该远离逻辑控制电路和存储电路等高速信号电路，可能的话，尽量采用控制板结合功率板的方式，利用接口来连接，以提高电路板整体的抗干扰能力和工作可靠性。

PCB 布线是将布局后线路板上的各个模块进行必要的连线接通，使各模块能正常工作，是整个 PCB 设计中最重要的一环，布线的好坏将直接影响 PCB 性能的好坏。PCB 布线需要注意的事项如下：

（1）PCB 的布线要精简，尽可能短，尽可能减少拐弯，如需拐弯，尽量用 45°过渡或圆弧过渡，避免用直角或锐角拐弯，这样可以减小高频信号对外的发射与耦合。

（2）电源线和地线的布线对产品性能有重要的影响，在布线时，尽量加宽电源线和地线，以减小电源线和地线的阻抗，降低因电流变化而对地点位和电源点位的影响，地线最好比电源线更宽。

（3）走线的宽度主要由流经该导线的电流强度和干扰性等因素决定，流经导线的电流越大，导线越宽。一般信号线的宽度为 10～30mil。电源线和地线如果空间允许，可以设置为 50mil 以上。

（4）对于 AD 转换类器件，数字部分和模拟部分的地线宁可统一也不要交叉。

（5）时钟信号线最容易产生电磁辐射干扰，可以用地线将时钟区包围起来，并且时钟线尽可能短。

（6）石英晶体外壳要接地，以免噪声干扰，石英晶体或其他对噪声敏感的元器件下方不要走线。

（7）关键信号线尽可能短，可以在两边加上保护地线，以免受到干扰。

（8）时钟、总线和片选信号要远离 I/O 端口和其他接口，时钟线和总线常常载有大的瞬变电流，因此要尽可能短。

（9）模拟信号输入、参考电压应该尽量远离数字信号线，特别是时钟。

（10）尽量避免长距离的平行线，尽可能拉大线与线之间的距离，最小线间距通常设置为 10～20mil，但也和器件的尺寸有关。如果用到的器件引脚间距只有 10mil，那么最小线间距就只能设置为 8mil 了。

2．PCB 的设计流程

Altium Designer 是 Altium 公司开发的一款电子设计自动化软件，用于原理图、PCB、FPGA 设计，也是一款常用的 PCB 设计软件。用该软件进行 PCB 设计时，一般设计流程如下。

（1）准备工作，打开 Altium Designer 软件，绘制电路原理图。

（2）由电路原理图生成网络报表。网络报表包含两方面信息，一个是电路中所有元器件的信息，一个是电路中所有元器件连接的信息，是后续设计 PCB 中不可缺少的文件。

（3）根据系统的规模设置电路板的层数、尺寸大小等。

（4）装载元器件库，要把原理图中所有元器件所在的库添加到当前库中，保证原理图中制定的元器件封装形式能在当前库中找到，如图 2-24 所示。

（5）导入网络报表。

（6）自动布局。

（7）手工调整布局。

（8）自动布线。

（9）手工调整布线。

（10）对 PCB 进行覆铜、添加安装孔，完成后续工作。

（11）检查 PCB，如果有需要，对 PCB 进行信号完整性仿真。

（12）保存并打印 PCB 文档。

下面基于 Altium Designer 软件，我们采用一个实例来介绍一下如何设计 PCB。这个示例的总的电路图如图 2-27 所示，由秒信号发生电路、计数器以及译码显示电路组成，该电路是下一节介绍的数字钟电路的一部分。

1）绘制 PCB 原理图

（1）启动 Altium Designer，在菜单"文件/New/Project"中单击"PCB 工程"，新建一个空的工程文件，如图 2-25 所示把工程保存在合适的路径下，并修改文件名为"数字钟.PrjPCB。

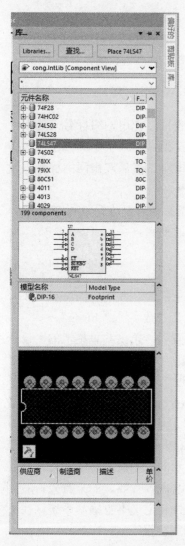

图 2-24　在元件库中查找元器件　　　　图 2-25　新建 PCB 工程

（2）新建电路原理图文件，在菜单"文件/New"下单击"原理图"，将该文件保存在工程文件的位置，并修改文件名为"数字钟.SchDOC"。

（3）可单击"设计/文档选项"以及"工具/原理图参数"对原理图的图样参数进行设置。这里采用默认设置。

（4）打开元件库，放置元件。单击主菜单中的"设计/浏览库"，打开如图 2-24 所示的元件库，在库中搜索要使用的元件，并拖放到原理图上。放置好所有的元器件后，双击元件对每个元件编辑属性，设置元器件的标识符、序号、型号等。如元件找不到，单击 Libraries 可以添加新的库。

（5）连接导线，放置电源和地。单击主菜单的"放置/线"，正确进行连线。也可以在快捷工具栏上单击相应的按钮选择放置的对象，如图 2-26 所示。

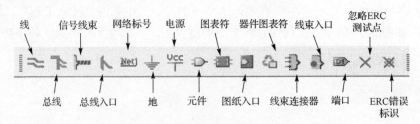

图 2-26　放置对象快捷工具栏

（6）放置网络标号。如果有些连接用导线绘制比较复杂，也可以使用网络标号来连接。电路原理图中设置为同一网络标号的信号线视为连接在一起。放置网络标号可以单击"放置/网络标号"，然后移动光标到需要放置网络标号的导线上单击即可。然后双击网络标号，设置其属性。

（7）放置输入/输出端口。单击"放置/端口"，然后移动光标到需要放置输入/输出端口的位置，单击即可放置。输入/输出端口一般在层次化设计电路时使用。

绘制好的原理图如图 2-27 所示。

2）PCB 设计

（1）在"数字钟.PriPCB"工程中，新建一个 PCB 文件。单击主菜单中的"文件/New/PCB"，即可创建一个新的 PCB 文件，保存在工程下面，并修改文件名为"数字钟.PcbDoc"。

（2）设置 PCB 文件的相关参数，例如几层板、板层颜色设置等。单击菜单栏上的"设计/层叠管理"，打开"Lay Stack Manager"，设置层数。系统默认为双面板，这里不做修改。

（3）绘制 PCB 的物理边界和电气边界。可以根据需要，通过单击菜单栏中的"设计/板子形状/定义板剪切"，任意设定 PCB 的不规则的形状。选中"Keep out Layer"为当前层，单击菜单栏中的"放置/禁止布线/线径"，用光标绘制一个封闭的多边形区域，即电器边界。

（4）导入网络报表。单击菜单栏中的"设计/Import Changes From 数字钟.PrjPCB"，系统将弹出"工程更改顺序"对话框，如图 2-28 所示。该对话框显示的是当前电路中的元件及连接信息，单击左下角的"生效更改"按钮，系统将自检所有更改是否有效。如果有效，右侧的状态栏将会被打勾；若有错误，状态栏会打叉。如果元器件封装定义不正确，系统则找不到给定的封装，或者设计 PCB 时没有添加相应的元件库，系统就会报错。

如果全部正确，单击"执行更改"，网络报表即成功加载。

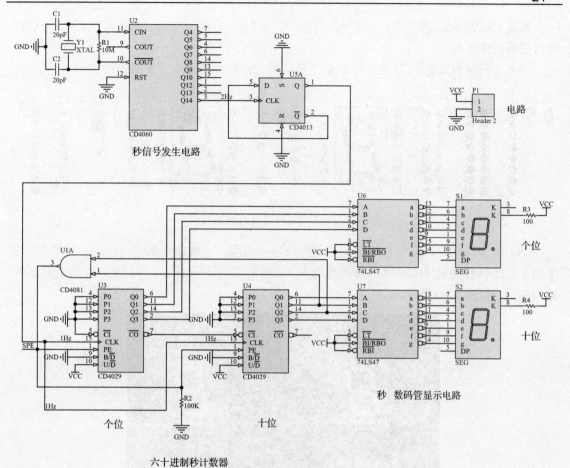

图 2-27　完成后的原理图

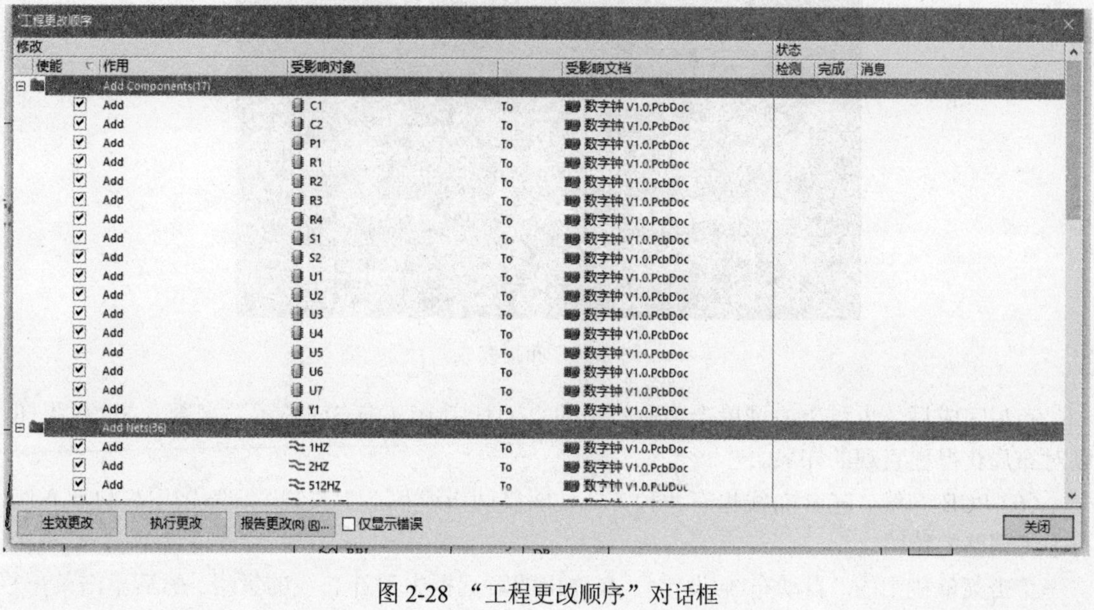

图 2-28　"工程更改顺序"对话框

如果之后又修改了原理图，那么单击菜单栏中的"设计/Update Schematics in 数字钟.PrjPCB"即可更新网络报表。

导入了网络报表的 PCB 工作窗口中会显示所有元器件及连线，如图 2-29 所示。

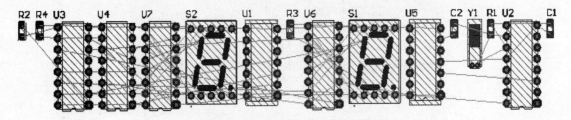

图 2-29　导入网络报表后的 PCB 文件

（5）元器件布局。可以自动布局，也可以手动布局，一般将两者结合使用。单击菜单栏中的"工具/器件布局/自动布局"即可自动布局，然后再手动调整元器件位置，直至满足要求。布局完成后如图 2-30 所示。

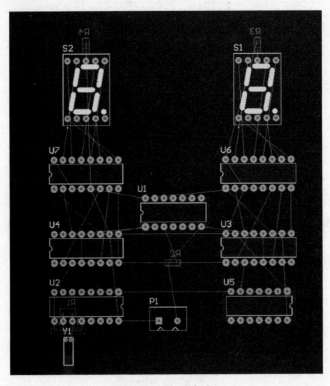

图 2-30　布局完成

布局完成后，也可以通过单击菜单栏中的"工具/遗留工具/3D 显示"来查看 3D 效果图，以对布局获得更直观的印象。

（6）PCB 布线。PCB 布线也有两种方式，即自动布线和手工布线。一般采用先自动布线，再手工调整的策略。

单击菜单栏中的"自动布线/设置"，在弹出的对话框中设计布线的策略。然后单击菜单栏中的"自动布线/全部"，系统则自动布线。

自动布线完成后，再手工对不合理的地方进行调整，如图 2-31 所示。

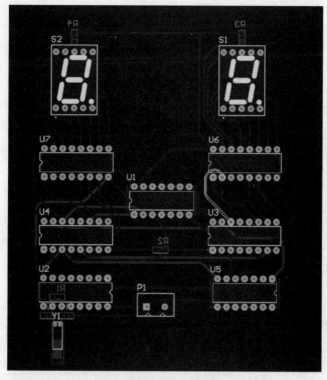

图 2-31　布线完成

（7）建立敷铜。单击菜单栏中的"放置/多边形敷铜"，打开敷铜对话框，如图 2-32 所示。在弹出的对话框里，设置层为"Top Layer"，选择影线化填充，45 度填充模式，连接到网络 GND，选中"死铜移除"，确定即可。采用同样的方法，再为 Bottom Layer 建立敷铜。

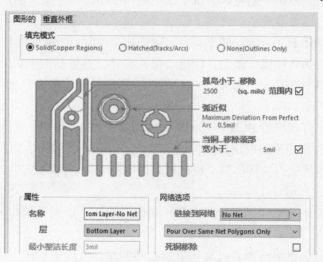

图 2-32　建立敷铜

（8）补泪滴，单击菜单栏中的"工具/滴泪"，弹出泪滴对话框，如图 2-33 所示，设置完成后，单击确定，系统则自动放置泪滴。

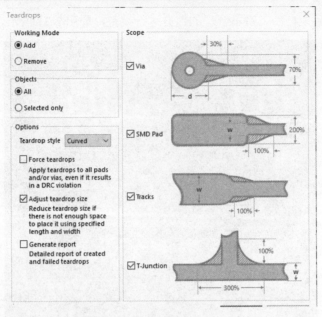

图 2-33　设置放置泪滴的方式

（9）将文件保存在目标文件夹中，PCB 文件即创建完成。

3）PCB 的手工制作流程

设计好 PCB 图纸后，一种方式是交给专业制板厂制板，其制板过程是：①根据用户的文件准备相应的生产资料，包括基板、铜箔、防焊漆等；②从内层开始加工，分为前处理、无尘室、蚀刻线、AOI 检验四个步骤；③将内层基板与外层铜箔实行压合，形成多层板；④精密钻孔；⑤通孔镀铜；⑥外层加工；⑦二次镀铜；⑧防焊绿漆；⑨印制文字符号；⑩成型切割；⑪出厂检验。

如果电路不是特别复杂，也可以尝试手工自制印刷电路板。手工制作 PCB 的方法有铜箔粘贴法、热转印法、感光湿膜法、感光干膜法等，其中热转印法是最常用的方法。

使用热转印法制作 PCB，方法简单易行，制作成功率较高，需要的材料和工具有覆铜板、热转印纸、腐蚀液、热转印机、激光打印机、钻孔机等，具体制作步骤如下。

第一步，使用各种制图软件绘制 PCB 图纸，可选的软件很多，例如 Cadence、Altium Designer、PADS、Protel 等。

第二步，用激光打印机将 PCB 图打印在热转印纸上。

第三步，将准备好的覆铜板用砂纸打磨干净，将打印好的热转印纸覆在合适的位置，边缘留出一定空间，然后送入热转印机（也可以使用电熨斗），可以多过几次，使墨粉均匀地融化附在覆铜板上。

第四步，慢慢撕下热转印纸，检查一下热转印的效果，如果发现有未转印到的地方，可以用记号笔修补一下。

第五步，用三氯化铁溶液或者过氧化氢加盐酸的腐蚀液腐蚀板子，将没有墨粉覆盖的铜箔腐蚀掉后，取出，清洗干净。

第六步，打孔。打孔时要注意对准焊盘的中心位置，定位要准确。

第七步，涂上助焊剂（可用配好的松香酒精溶液）。

2.3　焊　接　技　术

2.3.1　焊接工具和材料

焊接是使金属接连金属的一种方法，焊接的方法主要有熔焊、压焊和钎焊 3 种。在电子电路的制作中，主要用的是锡焊法。锡焊法是钎焊中的一种，是使用锡铅合金作为主要焊料的焊接方法。

焊接需要的主要材料和工具如下。

1. 烙铁

手工烙铁焊接工具按加热方式可以分为电热和气热两种，电热烙铁是通过电热丝通电加热烙铁头，气热烙铁是通过使用气体燃烧加热烙铁头。

图 2-34　电烙铁实例

电烙铁根据加热方式可分为内热式和外热式。内热式电烙铁体积小，价格低，功率也通常比较低，电子制作常使用 20～30W 的内热式电烙铁。常用内热式电烙铁的工作温度如表 2-4 所示，功率越大烙铁头的温度越高。顾名思义，外热式电烙铁发热电阻在电烙铁的外面。外热式既有大功率，也有小功率，可用于焊接大型元件。

电烙铁按其工作方式还可分为恒温式和调温式。恒温电烙铁的烙铁头内装有磁铁式的温度控制器，来控制通电时间，实现恒温的目的。在焊接温度不宜过高（控制在 300℃～400℃，不能超过 450℃）、焊接时间不宜过长的元器件时，可选用恒温电烙铁。调温电烙铁可以人为设定烙铁温度，适用于对焊接温度要求比较高的地方。

焊接集成电路、印刷电路板、CMOS 电路一般选用 20W 内热式电烙铁。使用的烙铁功率过大，容易烫坏元器件；焊接时间过长，也会烧坏器件。一般每个焊点在几秒内完成。

表 2-4　常用内热式电烙铁的工作温度

烙铁功率（W）	烙铁头温度（℃）
20	350
25	400
45	420
75	440
100	455

2. 助焊剂（松香或者松香水）

助焊剂一般可分为无机助焊剂、有机助焊剂和树脂助焊剂，能溶解去除金属表面的氧化物，并在焊接加热时包围金属的表面，使之和空气隔绝，防止金属在加热时氧化；可降低熔融焊锡的表面张力，有利于焊锡的湿润。

图 2-35　手动吸锡器

3．焊锡丝

锡铅合金就是俗称的焊锡，通常含铅 37%左右，具有熔点低、抗腐蚀、机械强度高等优点，是最常用的焊料。由于铅是重金属物质，对人身体有害，所以在长期从事焊接的场合，提倡使用无铅焊锡丝。但是无铅焊锡丝熔点高，所需焊接温度高，浸润性也差很多，所以焊接过程更长。

4．吸锡器

在调试、维修中，或由于焊接错误对元器件进行更换时就需要拆焊。拆焊时，最常使用的工具就是吸锡器。图 2-35 是常见手动吸锡器的一种。

手动吸锡器由弹簧、活塞、机械按键、吸嘴和空筒等部分组成。使用的时候，按压弹簧到最低端卡住，吸嘴对准要吸掉的焊锡，加热使焊锡熔解，然后按下按键，活塞弹起，利用气压将液态焊锡吸入空筒。如果一次吸不干净，可多用几次，直至元器件引脚与电路板分离。空筒内部的焊锡会很快凝固，多次使用后要及时清理。

2.3.2　焊接技术

1．手工焊接技术

手工使用焊锡进行焊接时，前期要做一些准备工作。首先给烙铁棉加水，清理烙铁头，然后处理被焊件，如导线剥线、元器件剪脚等，如果是出厂时间较长的元器件还需做润锡处理。手工锡焊通常采用下面的五步法（见图 2-36）。

（1）焊接准备：准备好焊接的工具和材料，将要焊接的元器件和电路板摆放稳当，一手拿焊锡丝，一手拿电烙铁，准备施焊。

（2）加热：先将电烙铁放在焊盘上，加热被焊件，时间不宜过长，使焊接部位的温度达到 260℃以上，可以熔解焊锡即可。

（3）加焊锡：在焊接的部位加入焊锡，焊锡即刻熔化，浸润被焊接部位。

（4）移开焊锡：当焊锡熔化浸润被焊接部位后，马上移开焊锡丝，焊锡熔化后凝固，会形成一个圆锥型的光亮焊点。如果焊锡过多，容易虚焊或与附近焊点短路；焊锡过少，又可能焊接不牢。

（5）移开烙铁：焊锡移开后，烙铁也顺势移开，结束焊接。移开烙铁的方向大致是 45°的方向，这样可使焊点圆滑。通过改变烙铁移开的方向，可以控制遗留的焊锡量。

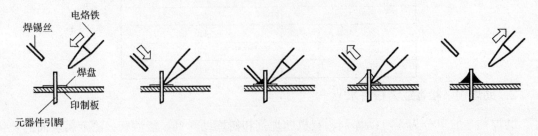

图 2-36　锡焊五步法

2．焊接注意事项

（1）焊接最好使用松香、松香油或无酸性焊剂。不能用酸性焊剂，否则会把焊接的地方腐蚀掉。

（2）焊接时电烙铁应有足够的热量，才能保证焊接质量，防止虚焊和日久脱焊。

（3）在焊接 CMOS 等怕高温器件时，最好用小平嘴钳或镊子夹住晶体管的引出脚，焊接时还要掌握时间。

（4）宁肯多焊几次，也不要使烙铁在焊接处停留的时间过长。

（5）烙铁离开焊接处后，被焊件不要立即移动，防止因焊锡尚未凝固而使焊件脱焊。

（6）电烙铁通电后温度高达 250℃以上，不用时应放在烙铁架上，但较长时间不用时应切断电源，否则烙铁头容易受损。要防止电烙铁烫坏其他元器件，尤其是电源线，若其绝缘层被烙铁烧坏而不被注意则容易引发安全事故。

第3章　数字系统课程设计基本项目

　　本章主要给出基于中小规模集成电路设计数字系统的实例，有助于刚学过"数字电路"等基础课程的同学，应用所学的电路分析和设计方法，实现一个小型数字系统。前面 5 个实例提供了详细的总体设计、单元电路设计，供读者参考；后面的实例只列出了设计要求及设计思路，供读者自主研究设计。

　　基于中小规模集成电路设计数字系统，首先可根据总的功能和技术要求，把复杂的逻辑系统分解成若干个单元系统，单元的数目不宜太多，每个单元也不能太复杂，以方便检修。然后，每个单元电路尽量由标准集成电路来组成，选择合适的集成电路及器件构成单元电路。此外还需考虑各个单元电路间的连接，所有单元电路在时序上应协调一致，满足工作需求，相互间电气特性应匹配，保证电路能正常地协调工作。

3.1　多功能数字钟电路的设计

3.1.1　设计要求

　　用中、小规模集成电路设计一台能显示时、分、秒的数字电子钟，具体要求如下：
　　（1）采用 LED 显示当前时间"时"、"分"、"秒"；
　　（2）具有校时功能，能够分别调整"时"、"分"、"秒"为当前时间；
　　（3）具有整点报时功能。要求整点前鸣叫 5 次低音（500Hz 左右），整点时再鸣叫一次高音（1000Hz 左右），共鸣叫 6 响，两次鸣叫间隔 0.5s。

3.1.2　总体设计

　　数字钟是一种生活中很常见的电子装置，从电路的角度来看，数字钟实质上是一个对秒信号进行计数的计数器，而秒信号就是频率为 1Hz 的矩形方波信号。因此，首先我们要设计一个秒信号发生电路。秒信号是整个系统的时基信号，它直接决定计时系统的精度，一般用石英晶体振荡器加分频器来实现。其次，再分别构建两个六十进制的计数器用于实现"分"和"秒"，一个二十四进制的计数器，用来实现"时"。然后将标准秒信号送入"秒计数器"，"秒计数器"每累计 60 秒发出一个"分脉冲"信号，该信号将作为"分计数器"的时钟脉冲。而"分计数器"每累计 60 分钟，发出一个"时脉冲"信号，该信号将被送到"时计数器"。"时计数器"采用二十四进制计数器，即可实现对一天 24 小时的累计。为了便于显示，构造的计数器设计为十位和个位分别以 BCD 码输出，然后通过显示译码器驱动数码管显示相应的"时"、"分"、"秒"。

　　根据题目要求，还需设计报时和校时模块电路。整点报时电路根据计时系统的输出状态产生脉冲信号，然后去触发音频发生器实现报时。校时电路是用来对"时"、"分"、"秒"显示数字进行校对调整的。

数字电子钟的原理方框图详见图 3-1，该电路由秒信号发生器、"时、分、秒"计数器、译码器及显示器、校时电路、整点报时电路 5 个模块组成。

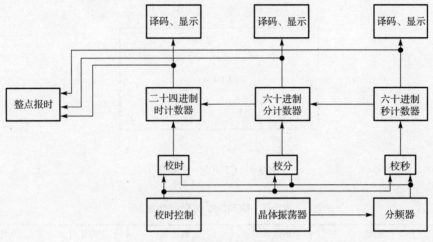

图 3-1　数字电子钟系统框图

3.1.3　单元设计

1. 秒信号发生器

秒信号发生器是数字电子钟的核心部分，它的精度和稳定度决定了数字钟的质量，通常用晶体振荡器产生的脉冲经过整形、分频获得 1Hz 的秒脉冲。常用的典型电路如图 3-2 所示。

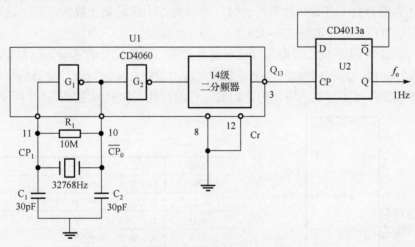

图 3-2　秒信号发生电路

CD4060 是 14 位二进制计数器，引脚图如图 3-3 所示。它内部有 14 级二分频器，有两个反相器。CP1（11 脚）、$\overline{CP_0}$（10 脚）分别为时钟输入、输出端，即内部反相器 G_1 的输入、输出端，各引脚功能详见表 3-1。图 3-2 中 R_1 为反馈电阻（10～100MΩ），目的是为 CMOS 反相器提供偏置，使其工作在放大状态。C_1 是频率微调电容，取 5～30pF，C_2 是温度特性校正用电容，一般取 20～50pF。内部反相器 G_2 起整形作用，且提高带负载能力。石英晶体采用

32768Hz 晶振，若要得到 1Hz 的脉冲，则需经过 15 级二分频器完成。由于 CD4060 只能实现 14 级分频，故必须外加一级分频器，可采用 CD4013 双 D 触发器完成。

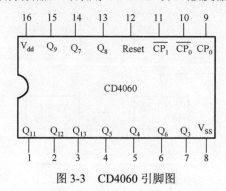

图 3-3　CD4060 引脚图

表 3-1　CD4060 各引脚功能

引脚编号	功能	引脚编号	功能	引脚编号	功能
1	12 分频输出	7	4 分频输出	13	9 分频输出
2	13 分频输出	8	接地	14	8 分频输出
3	14 分频输出	9	信号正向输出	15	10 分频输出
4	6 分频输出	10	信号反向输出	16	电源
5	5 分频输出	11	信号输入		
6	7 分频输出	12	复位输入		

2．秒、分、时计数器设计

秒、分计数器为六十进制计数器，小时计数器为二十四进制计数器。实现这两种模值的计数器可采用中规模集成计数器 CD4029。

CD4029 是 BCD 码/四位二进制加减法可逆计数器，虽然没有清零端，但它有"置数"功能。当"置数"端 PE 为高电平时，接在置数输入端的数据立即被置到计数器输出端上，所以通过"反馈置数法"可实现任意进制的计数器。它的功能表和引脚图如图 3-4 所示。

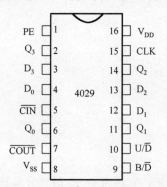

引脚	功能
PE	异步置数，高电平有效
U/$\overline{\text{D}}$	1：加法计数；0：减法计数
B/$\overline{\text{D}}$	1：二进制计数；0：十进制计数
$\overline{\text{CO}}$	进位输出，低电平有效
$\overline{\text{CI}}$	进位输入，低电平有效

图 3-4　CD4029 引脚图和主要引脚的功能

1）六十进制计数器

由 CD4029 构成的六十进制计数器如图 3-5 所示。首先将输入端中的"B/$\overline{\text{D}}$"接低电平，将"U/$\overline{\text{D}}$"接高电平，则两片 CD4029 就被设置成了十进制加法计数器。将第一片 CD4029

计数器的进位输出 $\overline{\text{CO}}$ 连到第二片 CD4029 计数器的进位输入 $\overline{\text{CI}}$，这样两片计数器最大可实现一百进制的计数器。现要设计一个六十进制的计数器，可利用"反馈置零"的方法实现。由于 CD4029 属于异步置数，故当个位计数状态为"$Q_3Q_2Q_1Q_0=0000$"，十位计数状态为"$Q_3Q_2Q_1Q_0=0110$"时，通过门电路形成一置数脉冲，使计数器归零，即可实现计数状态从 0 到 59 的六十进制计数器。如图 3-4 电路所示，可作为秒、分计数器。

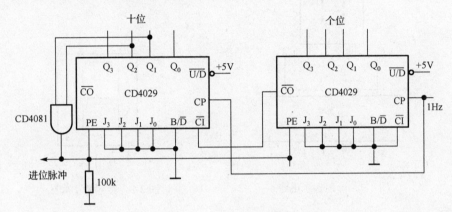

图 3-5　六十进制计数器

2）二十四进制计数器

同理，当个位计数状态为"$Q_3Q_2Q_1Q_0=0100$"，十位计数状态为"$Q_3Q_2Q_1Q_0=0010$"时，要求计数器归零。通过把个位 Q_2、十位 Q_1 相与后的信号送到个位、十位计数器的置数端 PE，使计数器复零，从而构成二十四进制计数器，如图 3-6 所示。

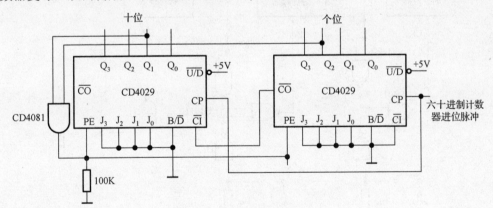

图 3-6　二十四进制计数器

3. 译码显示电路

译码电路的功能是将"秒"、"分"、"时"计数器的输出代码进行翻译，变成相应的数字。用于驱动 LED 七段数码管的译码器常用的有 74LS47。74LS47 是 BCD-7 段译码器/驱动器，其输出是 OC 门输出且低电平有效，专用于驱动 LED 七段共阳极显示数码管。由 74LS47 和 LED 七段共阳数码管组成的一位数码显示电路如图 3-7 所示。数码管是由 8 个发光二极管组成的显示器件，引脚图如图 3-8 所示。通过显示译码器控制 a、b、c、d、e、f、g、h 亮或者灭，即可显示 0～9 的数字。若将"秒"、"分"、"时"计数器的每位输出分别接到相应七段译码器的输入端，便可进行不同数字的显示。在译码器输出与数码管之间串联的 $R_4 \sim R_7$ 为限流电阻。

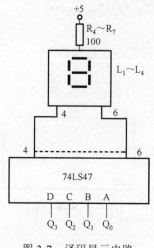

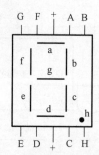

图 3-7　译码显示电路　　　　　　　　图 3-8　数码管引脚图

4．校时电路

数字钟启动后，每当数字钟显示与实际时间不符时，则需要根据标准时间进行校时。简单有效的校时电路如图 3-9 所示。

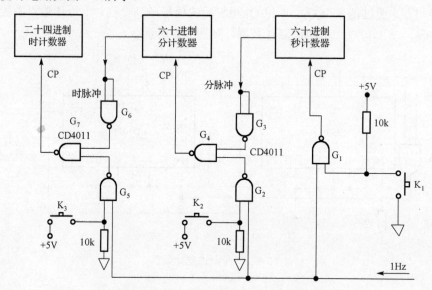

图 3-9　秒、分、时的"校时"电路

校"秒"时，采用等待校时。当进行校时的时候，将按键开关 K_1 按下，此时门电路 G_1 被封锁，秒信号进入不到"秒计数器"中，此时暂停秒计时。当数字钟秒显示值与标准时间秒数值相同时，立即松开 K_1，数字钟秒显示与标准时间秒计时同步运行，完成秒校时。

校"分"、"时"的原理比较简单，采用加速校时。例如，分校时使用 G_2、G_3、G_4 三与非门，当进行分校时的时候，按下开关 K_2，由于门 G_3 输出高电平，秒脉冲信号直接通过 G_2、

G_4 门电路被送到分计数器中，使分计数器以秒的节奏快速计数。当分计数器的显示与标准时间数值相符时，松开 K_2 即可。当松开 K_2 时，门电路 G_2 封锁秒脉冲，输出高电平，门电路 G_4 接受来自秒计数器的输出进位信号，使分计数器正常工作。同理，"时"校时电路与"分"校时电路的工作原理完全相同。

5. 整点报时电路

当计数器在每次计时到整点前 6 秒时，开始报时。即当"分"计数器为 59，"秒"计数器为 54 时，要求报时电路发出一个控制信号 F1，该信号持续时间为 5 秒，在这 5 秒内使低音信号（500Hz 左右）打开闸门，使报时声鸣叫 5 声。当计数器运行到 59 分 59 秒时，要求报时电路发出另一个控制信号 F2，该信号持续时间为 1 秒，在这 1 秒钟内使高音信号（1000Hz 左右）打开闸门，使报时声鸣叫 1 声。根据以上要求，设计的整点报时电路如图 3-10 所示。

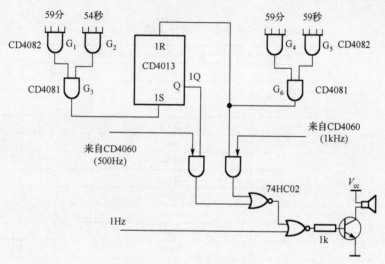

图 3-10　整点报时电路

CD4013 是双 D 触发器，具有"置数"和"清零"功能，且高电平有效。利用 CD4013 触发器的记忆功能，可完成实现所要求的 F1。当"分"计数器和"秒"计数器输出状态为 59 分 54 秒时，与门 G3 输出一高电平，使 CD4013 的第一个触发器的输出 1Q 被置成高电平，此时整点报时的低音信号（512Hz）与秒信号同时被引入到蜂鸣器，使蜂鸣器每次鸣叫 0.5 秒。一旦"分"、"秒"计数器输出状态为 59 分 59 秒时，与门 G6 输出高电平，封锁报时低音信号，开启高音报时信号（1024Hz）。故蜂鸣器高音鸣叫一次，历时 0.5 秒。

6. 电路改进

原电路通电时是否清零具有随机性，为了能够可靠上电清零，要求改进原来分和秒计数器，使其能够上电自动清零。

3.1.4　调试要点

1. 标准秒信号调试

用示波器观察 CD4013 的输出应为一标准秒信号波形。

2．时、分、秒及显示电路的调试

将秒信号分别引入到时、分、秒计数器单元电路中，观察电路的工作情况。

3．校时电路的测试

将秒信号分别引入到校时电路中，分别按下 K_1 及 K_2，检查分计数器及时计数器的工作情况。

4．整点报时电路测试

将整点报时电路连好，检查数字钟在整点前及整点时的工作情况。

3.1.5　元器件清单

元器件清单见表 3-2。

表 3-2　元器件清单

数字系统课程设计——数字电子钟——元器件清单				
序号	元器件	型号	数量	备注
1	14 位计数器/锁相环	CD4060	1	
2	双 D 触发器	CD4013	1	
3	四二输入与门	CD4081	2	
4	二/十进制计数器	CD4029	6	
5	七段译码/驱动	74LS47	6	
6	四二输入与非门	CD4011	2	
7	四二输入或非门	74HC02	1	
8	二四输入与门	CD4082	2	
9	微型喇叭	8Ω	1	
10	IC 座	14 脚	8	
11	IC 座	16 脚	13	
12	IC 座	40 脚	2	
13	晶体	32768	1	
14	轻触开关	小	3	
15	共阳极数码管	小	6	
16	三极管	9013 或 8050	1	
17	1/8W 金属膜电阻	100Ω	6	
18	1/8W 金属膜电阻	1kΩ	1	
19	1/8W 金属膜电阻	10kΩ	3	
20	1/8W 金属膜电阻	100kΩ	3	
21	1/8W 金属膜电阻	10MΩ	1	
22	独石电容	220pF 或 30pF	2	
23	实验板	大	1	

3.2　交通灯控制系统设计

3.2.1　设计要求

如图 3-11 所示，设计一个交通灯控制电路，实现如下功能：

（1）A、B 两个通道各有红、黄、绿 3 盏交通信号灯，其中，红灯亮 24s，绿灯亮 20s，黄灯亮 4s；

（2）灯亮规则为：当 B 方向的红灯亮时，A 方向对应绿灯亮，由绿灯转换成红灯的过渡阶段黄灯闪烁，即 B 方向红灯亮的时间等于 A 方向绿灯和黄灯亮的时间之和。同理，当 A 方向的红灯变亮时，B 方向的交通灯也遵循此规则。各干道上安装有数码管，以倒计时的形式显示本通道各信号灯闪亮的时间。

（3）当按下应急按钮时，各方向上均亮红灯，倒计时停止，进入特殊运行状态。特殊运行状态结束后，控制器恢复原来的状态，继续运行。

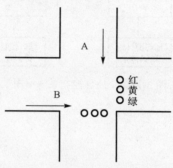

图 3-11　十字路口交通灯示意图

3.2.2　总体设计

交通灯是我们日常生活中很常见的事物。根据题意，我们需要设计一个交通灯控制电路控制 A、B 两个通道的 6 盏交通信号灯，按照图 3-12 中的时序呈周期性变化。

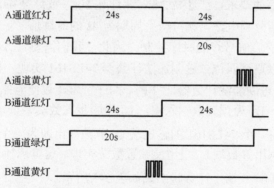

图 3-12　交通灯时序信号变化图

为了实现交通灯控制系统，首先需要设计一个秒信号发生器，提供 1Hz 的时基信号，以保证信号灯显示时间的准确。它主要由晶体振荡电路和分频电路实现。然后设计交通灯时序信号发生电路，提供图 3-12 所示的 6 种交通信号灯的时序信号。交通灯显示可以通过不同颜色的发光二极管组成的显示电路模拟实现。倒计时的产生可以通过由减法计数的计数器实现，提供各个路口红灯或者绿灯亮的剩余时间，以提醒路人注意。倒计时的时间主要通过 2 位数码管显示，因此还需要必要的译码显示电路。

因此，交通灯控制系统的设计框图如图 3-13 所示，分为秒信号发生器、交通灯时序信号发生器、交通灯显示、红绿灯倒计时信号产生及显示等模块组成。

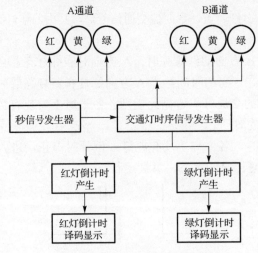

图 3-13   交通灯控制系统框图

3.2.3   单元设计

1. 秒信号发生器

秒信号发生器是控制交通信号灯变化的定时信号，通常用晶体振荡器产生的脉冲经过整形、分频获得 1Hz 的秒脉冲。常用的典型电路同上一个实验中的图 3-3 所示，这里不再赘述。

2. 交通灯时序信号发生电路

根据交通灯信号时序的要求，红灯亮 24s、绿灯亮 20s、黄灯亮 4s，均为 4s 的倍数，若使 1Hz 的信号先通过一个四分频电路，就可产生周期为 4s 的时钟信号。然后再设计一个十二进制的计数器即可实现对交通信号灯的时序控制。因此，我们需要设计实现一个四分频器和一个十二进制计数器。可以通过四位二进制加法计数器 74LS161 实现，如图 3-14 所示。集成芯片 74LS161 是一个十六进制加法计数器，"EP"、"ET" 为计数使能控制端，都接高电平，表示输出为计数模式。$D_0 \sim D_3$ 为预置数输入端，$\overline{L_d}$ 为同步置数端，低电平有效，$\overline{R_d}$ 为异步清零端，应置为高电平。将一个 74LS161 的输出端 Q_1 单独输出即为一个四分频信号。而实现十二进制的计数器，可以利用置数端 $\overline{L_d}$ 采用反馈置数法实现。这里选择从 0010 到 1101 这样 12 个计数状态实现十二进制计数器，计数状态表如表 3-3 所示。

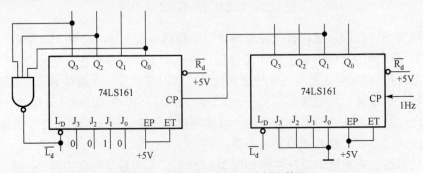

图 3-14   四分频器和十二进制计数器

表 3-3　交通灯信号状态转换表

时序	计数器状态				A 通道			B 通道		
	Q_3	Q_2	Q_1	Q_0	红灯	绿灯	黄灯	红灯	绿灯	黄灯
0	0	0	1	0	0	1	0	1	0	0
1	0	0	1	1	0	1	0	1	0	0
2	0	1	0	0	0	1	0	1	0	0
3	0	1	0	1	0	1	0	1	0	0
4	0	1	1	0	0	1	0	1	0	0
5	0	1	1	1	0	0	1	1	0	0
6	1	0	0	0	1	0	0	0	1	0
7	1	0	0	1	1	0	0	0	1	0
8	1	0	1	0	1	0	0	0	1	0
9	1	0	1	1	1	0	0	0	1	0
10	1	1	0	0	1	0	0	0	1	0
11	1	1	0	1	1	0	0	0	0	1

之所以这样设计计数器，是因为可使输出最高位 Q_3 产生一个占空比为 50% 的 12 分频信号，可直接用来作为 A 通道的红灯信号，取反以后可以作为另一个通道的红灯信号。

即，A 通道红灯：$R_A = Q_3$；B 通道绿灯；$R_B = \overline{Q_3}$。

根据上面的状态表，不难得出绿灯和黄灯的逻辑如下：

A 通道黄灯：$Y_A = Q_2 Q_1 Q_0$；A 通道绿灯：$G_A = Y_A \oplus R_B$

B 通道黄灯：$Y_B = Q_3 Q_2 Q_0$；B 通道绿灯：$G_B = Y_B \oplus R_A$

故，该交通灯控制电路的电路图如图 3-15 所示。

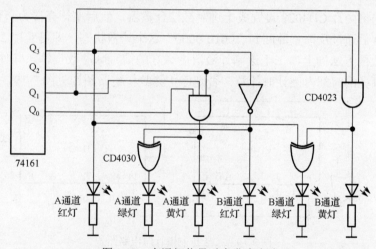

图 3-15　交通灯信号时序发生电路

若要黄灯闪烁起来，可将黄灯信号与秒信号相与即可实现，如图 3-16 所示。

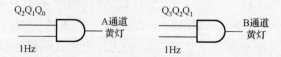

图 3-16　闪烁的黄灯实现电路

3. 倒计时计数电路

因为要实现红灯和绿灯的两种倒计时电路，一种为二十四进制计数器，一种为二十进制计数器。为了方便译码显示，可直接采用减法计数器实现。这里选择十/十六进制可逆计数器 CD4029，这是一个通过 U/D 端口来控制加法、减法计数的可逆计数器，使用很方便。

1）二十四进制计数器

首先将两片 CD4029 设置成十进制减法计数器，即 B/$\overline{D}$ 端口接低电平，U/$\overline{D}$ 端口接低电平。然后串行连接为一百进制计数器，之后在计数为 0 后通过反馈置数回到"0010 0100"这个计数状态，即可实现 24～1 的倒计时计数。注意，CD4029 反馈置数端工作方式为异步，所以需要到达"0000 0000"这个状态后进行置数，而此时 $\overline{CO}$ 输出低电平，将两个芯片的 $\overline{CO}$ 或非即可实现置数。二十四进制计数器由红灯的信号脉冲取反输入其使能端来控制，以保证它在红灯亮的时间内倒计时计数，否则停止计数。详细电路图如图 3-17 所示。

为了保证倒计时从 24 开始，还需要给置数端 PE 一个上电置位信号，电路如图 3-18 所示。

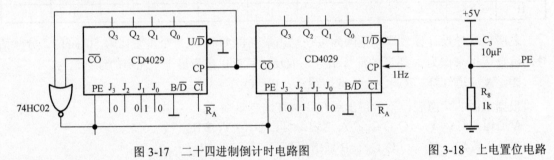

图 3-17　二十四进制倒计时电路图　　　　　图 3-18　上电置位电路

2）二十进制计数器

同理，首先将两片 CD4029 设置成十进制减法计数器，然后串行连接为一百进制计数器，然后在计数为 0 后通过反馈置数回到"0010 0000"这个计数状态，即可实现 20～1 的倒计时计数。反馈置数的方法同上，二十进制计数器由绿灯的信号脉冲取反输入其使能端来控制，以保证它在绿灯亮的时间内倒计时计数，否则停止计数，电路图详见图 3-19。

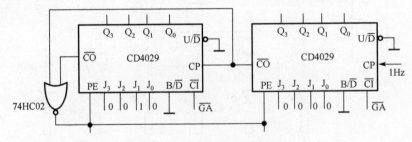

图 3-19　二十进制倒计时电路图

4. 译码显示电路

译码电路的功能是将"秒"、"分"、"时"计数器的输出代码进行翻译，变成相应的数字。用于驱动 LED 七段数码管的译码器常用的有 74LS47。74LS47 是 BCD-七段译码器/驱动器，其输出是 OC 门输出且低电平有效，专用于驱动 LED 七段共阳极显示数码管。由 74LS47 和共阳极数码管组成的显示译码电路如实验一中的图 3-6 给出，这里不再重复。

由于倒计时应在红绿灯亮时进行倒秒显示，红绿灯灭时，同时灭掉相应的数码管显示，因此，需要用红绿灯的信号脉冲接入 74LS47 的灭灯输入信号 $\overline{\text{BI}}$ 来实现。

5．电路改进

（1）可在黄灯信号输入端增加手动按键来实现夜间只有黄灯闪烁的效果。

（2）实现主次干道红绿灯持续时间不同的问题，需更改交通信号灯时序发生电路。

3.2.4　调试要点

1．标准秒信号调试

用示波器观察 CD4013 的输出应为一标准秒信号波形。

2．交通信号发生电路的调试

首先调试十二进制计数器电路，当十二进制计数器计数状态正常后，再依次调试红灯、黄灯，最后调试绿灯。

3．倒计时电路的测试

将秒信号分别引入到计时电路中，先将计数使能信号接低电平，检查红灯计数器及绿灯计数器的工作情况。

4．译码显示电路测试

检查七段数码管各个引脚及其公共端的连接，注意 74LS47 灭灯输入信号是否有效。

3.2.5　元器件清单

表 3-4 为元器件清单（为便于测试，实际制作只做 2 个通道 6 盏灯，倒计时只做 A 通道的红灯和绿灯）。

表 3-4　元器件清单

数字系统课程设计——交通灯控制器——元器件清单				
序号	元器件	型号	数量	备注
1	六反相器	CD4069	1	
2	14 位计数器/锁相环	CD4060	1	
3	双 D 触发器	CD4013	1	
4	四二输入与门	CD4081	1	
5	二/十进制计数器	CD4029	4	
6	七段译码/驱动	74LS47	4	
7	三三输入与非门	CD4023	1	
8	异或门	CD4030	1	
9	四二输入或非门	74HC02	1	
10	二四输入与门	CD4082	1	
11	十六进制计数器	74LS161	2	
12	IC 座	14 脚	7	
13	IC 座	16 脚	11	
14	IC 座	40 脚	1	
15	晶体	32768	1	
16	电解电容	10μF	2	

	数字系统课程设计——交通灯控制器——元器件清单			
序号	元器件	型号	数量	备注
17	共阳极数码管	小	4	
18	发光二极管	红高亮	2	
19	发光二极管	绿高亮	2	
20	发光二极管	黄高亮	2	
21	1/8W 金属膜电阻	100Ω	4	
22	1/8W 金属膜电阻	1kΩ	8	
23	1/8W 金属膜电阻	10MΩ	1	
24	独石电容	220pF 或 30pF	2	
25	实验板	大	1	

3.3　电子密码锁的设计

3.3.1　设计要求

用中小规模集成电路设计一个电子密码锁，要求：

（1）能够设置 8 位二进制密码；

（2）当密码输入错误时，能够报警；

（3）当密码正确时，可以开锁。

3.3.2　方案设计

根据设计要求，密码锁的主要功能有 3 个：①预置密码；②接收串行输入密码并记录输入密码的位数；③比较预置好的密码和输入的密码。密码锁电路框图如图 3-20 所示。

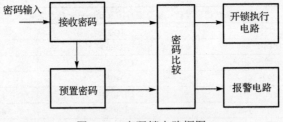

图 3-20　密码锁电路框图

串行密码比较电路中，不需要等待所有密码全部输入完成才进行比较，而是逐位比较，发现错误可以立即报警。特点是电路简单，但是电路各部分的时序要比较精确。

接收密码，采用两个点动按键的方式，一个表示输入数字"1"，另一个表示输入数字"0"。并使用一个 D 触发器锁存数据。

预置密码，采用的是接收密码电路部分连接移位寄存器实现，通过预置开关的控制实现密码的预置。

密码比较电路是最复杂的部分，通过计数器 74161 来控制比较的密码位数。密码比较使用异或门即可实现，比较后的结果进入 D 触发器保存。

开锁执行电路，一般由电磁线圈、锁栓、弹簧和锁框等组成，当有开锁信号时，电磁线圈有电流通过，于是线圈便产生磁场吸住锁栓，锁便打开。当无开锁信号时，线圈无电流通过，锁栓被弹入锁框，锁被锁上。为了教学的方便，我们用发光二极管代替锁体，亮为开锁，灭为上锁。

报警电路使用蜂鸣器实现。

3.3.3 单元设计

1. 密码接收电路

采用两个不自锁的轻触开关作为信号"1"、"0"的输入，当按下信号"1"的开关后，通过对 D 触发器置 1 端的控制，可以在触发器输出端得到信号"1"。同样，按下信号"0"的开关后，这个信号到达触发器置 0 端，于是可以在触发器输出端得到信号"0"。为了记录输入密码的位数，这两个开关输出信号通过或门以后，作为十六进制计数器 74LS161 的时钟脉冲信号。每按下一次密码，计数器的输出加 1，即可以记录密码位数，具体电路如图 3-21 所示。

2. 工作模式切换

密码经过过 D 触发器接收到以后，需要通过一个带自锁的开关 K_1 切换两种工作模式。当 K_1 没有按下时输出高电平，为密码输入模式；当 K_1 按下时输出低电平，电路工作在密码预置模式。

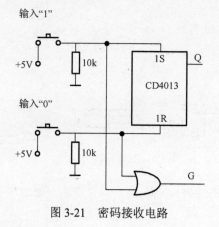

图 3-21 密码接收电路

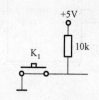

图 3-22 工作模式切换

3. 预置密码电路

密码信号接收以后，若 $K_1=0$，则工作模式为密码预置模式。两个密码输入按键只要有一个按下，G 就输出一个正脉冲，与 K_1 相与后作为 8 位移位寄存器 74164 的时钟信号，使得输出做移位运算。密码 Q 即进入移位寄存器 74LS164 的串行输入端，经过 8 个时钟周期后，在 74LS164 的输出端得到并行的 8 位密码，8 位密码即传输到 8 位的数据选择器的数据输入端，用于后续的密码比较。如图 3-23 所示。

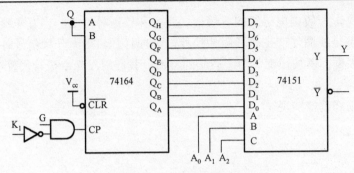

图 3-23　密码预置电路

3. 密码比较电路

在输入密码模式下，用户串行输入的密码通过计数器 74LS161 记录数据位数，并和数据选择器 74LS151 存储的密码相对位通过异或门相比较。如果相同，则输出为 0；如果不同，则输入为 1。每输入一个密码，即启动一次比较，比较后的结果通过 D 触发器保存在输出端。如果输入正确，则 D 触发器的输出端 $\overline{Q}$ 为 1，Q 为 0。如果密码错误，$\overline{Q}$ 为 0，并反馈到触发器 CP 端，自锁，保持错误并给出报警信号 Alert。只有在密码数值全部正确且密码位数也正确的情况下，启动开锁 P。开锁执行电路，简化为发光二极管指示，电路如图 3-24 所示。

4. 报警电路

当密码输入错误时，报警信号使三极管导通，蜂鸣器响，实现报警，这里使用的是有源蜂鸣器。

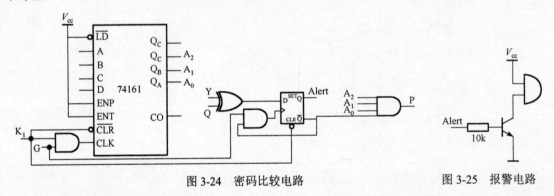

图 3-24　密码比较电路　　　　　　　图 3-25　报警电路

3.3.4　调试要点

1. 密码接收电路

如果购买的轻触开关有抖动，需增加触发器以消除抖动。检测触发器 F_1 的输出 Q_1，如果和按键信号一致，密码接收电路即成功。

2. 密码预置电路

在密码预置之前，需复位电路，检查 74LS164 移位寄存器工作是否正常，当预置开关打开时，预置密码可以传输到数据选择器 74LS151 的数据输入端，用于密码比较。

3. 密码比较电路

在密码输入时，应先复位整个系统，将 D 触发器、计数器 74LS161 的输出都清 0，输入一位密码，比较一次，比较的结果在触发器 F_2 的输出端。F_2 的输出 $\overline{Q}$ 为 1，而且计数器的输出为 0111 时，开锁信号才出现。

3.3.5 元器件清单

表 3-5 为元器件清单。

表 3-5 元器件清单

数字系统课程设计——密码锁——元器件清单				
序号	元器件	型号	数量	备注
1	八选一数据选择器	74LS151	1	
2	双 D 触发器	CD4013	1	
3	8 位移位寄存器	74LS164	1	
4	4 位二进制计数器	74LS161	1	
5	四二输入与门	74LS08	1	
6	六反相器	74LS04	1	
7	异或门	74LS86	1	
8	二四输入与门	CD4082	1	
9	有源蜂鸣器	KS-12D05YA	1	
10	IC 座	14 脚	5	
11	IC 座	16 脚	3	
12	自锁开关	小	1	
13	发光二极管	红高亮	1	
14	轻触开关	小	2	
15	三极管	9013 或 8050	1	
16	1/8W 金属膜电阻	10kΩ	4	
17	实验板	中	1	

3.4 智力抢答器的设计

3.4.1 设计要求

用中小规模集成电路设计四组选手可以进行智力抢答的电路，规则如下：

（1）当主持人按下开始键后，四组选手才可以进行抢答，首先按下按键的选手抢答成功，显示抢答成功的选手号码，其他选手的抢答信号不再响应。

（2）抢答时间为 30s，显示 30s 倒计时，倒计时结束若无人抢答进行声光提示，并且阻止选手超时抢答。

（3）主持人按下复位键，抢答信息清除，再次按下开始键，可以进行下一次抢答。

3.4.2 方案设计

设计智力抢答器的关键是，当主持人发出开始信号后，只有第一个按下抢答按键的选手信号可以输出，其他选手的抢答信号将被封锁，并将抢答成功选手的信号保存下来并显示其编号。可以使用触发器实现信号的锁存，有几位选手抢答，就需要几个触发器。为了将抢答成功选手的编号显示出来，还需将锁存器的输出信息编码，并送至译码显示电路中来显示选手的号码。因此完成这部分功能需要锁存器、编码器和译码显示模块。

　　另外，根据题目要求，抢答时间有限制，必须在 30s 内按下抢答按键才算抢答成功，故还需构建 30s 的倒计时电路。当主持人按下开始按键后，倒计时开始，这里可以使用减法计数器实现倒计时，并用译码显示电路显示倒计时。驱动减法计数器还需要秒信号发生电路，则整个智力抢答器的系统框图详见图 3-26。

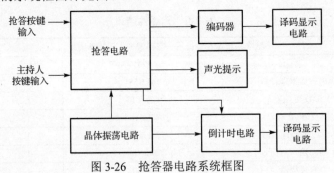

图 3-26　抢答器电路系统框图

3.4.3　单元设计

1．抢答控制电路

　　当选手按下按键时，第一个通过的信号要被锁存起来，并且封锁其他选手的信号。要实现这个功能，我们使用四位的 D 触发器 74HC175 来实现，如图 3-27 所示。当主持人没有按下"开始"按键时，输出低电平信号，四位 D 触发器处于清零状态，输出一直为零。当主持人按下"开始"键时，清零失效，四位 D 触发器开始接收信号。当没有选手按下抢答键时，四位 D 触发器 74HC175 所有的输出 Q =0，$\overline{Q}$=1，所有的 $\overline{Q}$ 通过四输入与门（CD4082）相与后输出高电平，此时 1kHz 信号可以通过二输入与门（CD4081）输出到 74HC175 的时钟信号输入端，四位 D 触发器可以接收输入信号。当某个抢答按键被按下时，某个输出 Q 变为高电平，$\overline{Q}$ 翻转为低电平，则四输入与门输出低电平，封锁 1kHz 的时钟信号，74HC175 的时钟信号恒为低电平，不再接收其他选手的输入信号，即实现了封锁的目的。

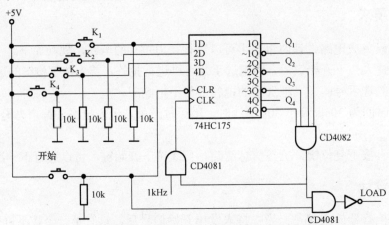

图 3-27　抢答电路

"开始"按键需要使用自锁按键，抢答的按键使用普通轻触开关就可以。

另外，当主持人按下按键且还没有选手抢答时，则需要启动倒计时，因此输出一个 LOAD 信号控制倒计时电路的启停。这里的反相器可以用 74HC02 中多余的或非门实现，不需要再加上一块反相器芯片。

2. 编码电路及译码显示电路

74LS148 是 8-3 线优先编码器，可以对八路输入信号进行编码，它的功能详见表 3-6。输入编码请求信号为低电平有效，故需将抢答信号 $Q_1 \sim Q_4$ 取反再送入编码器，也可直接由 $\overline{Q_1} \sim \overline{Q_4}$ 接入编码器。又由于 74LS148 输出编码为反码，而后面显示译码器 7448 又是原码输入，故 $\overline{Q_1}$ 输入 D_6，$\overline{Q_2}$ 输入 D_5，$\overline{Q_3}$ 输入 D_4，$\overline{Q_4}$ 输入 D_3，则对应的输出编码如表 3-7 所示。

表 3-6 74HC148 功能表

输入									输出				
EI	0	1	2	3	4	5	6	7	A2	A1	A0	GS	EO
H	×	×	×	×	×	×	×	×	H	H	H	H	H
L	H	H	H	H	H	H	H	H	H	H	H	H	L
L	×	×	×	×	×	×	×	L	L	L	L	L	H
L	×	×	×	×	×	×	L	H	L	L	H	L	H
L	×	×	×	×	×	L	H	H	L	H	L	L	H
L	×	×	×	×	L	H	H	H	L	H	H	L	H
L	×	×	×	L	H	H	H	H	H	L	L	L	H
L	×	×	L	H	H	H	H	H	H	L	H	L	H
L	×	L	H	H	H	H	H	H	H	H	L	L	H
L	L	H	H	H	H	H	H	H	H	H	H	L	H

H=高电平   L=低电平   ×=不定

表 3-7 编码译码关系表

	对应编码输入端	反码输出	7448 输入（$A_3=0$）	显示数码
Q_1	D_6	001	0001	'1'
Q_2	D_5	010	0010	'2'
Q_3	D_4	011	0011	'3'
Q_4	D_3	100	0100	'4'

另外，当无抢答信号时，应关闭数码管显示。显示译码器 7448 有一个控制端 $\overline{BI/RBO}$，这是一个输入/输出复用的信号端，当输入信号为低电平时，可以使数码管全部灭掉。而当无抢答信号时，$\overline{Q_1} \sim \overline{Q_4}$ 全部为高电平，74HC148 处于正常工作但无编码输出的状态，这时输出端 EO 为低电平，输出端 EO 和 GS 的状态如表 3-8 所示。故直接使 $\overline{BI/RBO}$ =EO 即可实现控制。整体电路如图 3-28 所示。

表 3-8 输出端 EO 和 GS 与工作状态的关系

EO	GS	编码器状态
1	1	不工作
0	1	工作，但无输入
1	0	工作，且有输入
0	0	不可能出现

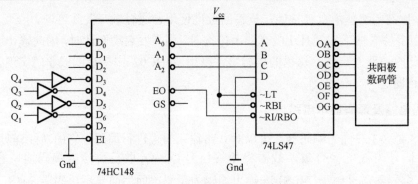

图 3-28　编码及译码显示电路

3. 倒计时电路

晶体振荡电路同实验一中的图 3-3，既可以产生 1kHz 的信号，又可以生成 1Hz 的信号，作为倒计时电路的时钟信号，此处不再赘述。

倒计时电路实际上是一个由秒信号作为时钟信号的三十进制的减法计数器。由于需要显示倒计时的数字，故使用两个十进制的减法计数器级联实现，见图 3-29。

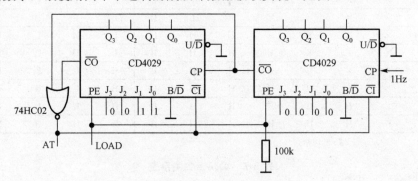

图 3-29　倒计时电路

倒计时电路同实验二中的倒计时电路类似，参见图 3-17。若主持人未按下开始键，信号 LOAD 为高电平，计数器被置数为"0011-0000"，即 30。当主持人按下开始键，LOAD 转为低电平，计数开始，当计数器倒计时到"0000-0000"时，即 30 秒抢答时间到，两片 CD4029 的进位输出均为低电平，通过 74HC02 或非门后输出高电平，使得 $\overline{CI}$ 翻转为高电平，计数停止。输出信号 AT 用于启动超时声光提示电路。若 30 秒时间未到，即有人抢答，则 LOAD 信号转为高电平，计时器跳转至置数状态"0011-0000"，倒计时停止。

倒计时的译码显示电路同实验一中的译码显示电路，这里不再赘述。

这里可以将 LOAD 信号取反接入显示译码器 7448 的灭灯输入端 $\overline{BI/RBO}$，使倒计时关闭时同时灭掉数码管。

4. 声光提示电路

当倒计时结束时还未有人抢答，则启动声光提示。当倒计时结束时输出 AT 信号为高电平，与 1kHz 的信号相与以后，再与 1Hz 信号相与，驱动后面的发光二极管闪烁，以及蜂鸣器发出嘀嘀的声音，详见图 3-30。

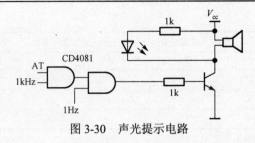

图 3-30　声光提示电路

3.4.4　调试要点

1．抢答电路

当开始按键按下前输出低电平，按下后输出高电平。LOAD 信号在开始按键按下后，应从高电平翻转为低电平。

2．编码及译码显示电路

当电路连接好后，应测试 8-3 线优先编码器 74HC148 的输出端 EO 信号，如果无人抢答，EO=0；若有人抢答，EO=1。

3．倒计时电路

当 LOAD 信号为低电平时，倒计时开始，此时 $\overline{CI}$ 为低电平，正常减法计数。直至计数减到 0，$\overline{CI}$ 翻转为高电平，计数停止。

4．声光提示电路

当 AT 信号为高电平时，声光提示电路开启。由于和 1Hz 信号相与，发光二极管应为 0.5 秒灭、0.5 秒亮的闪烁状态，而喇叭状态为鸣叫 0.5 秒、停 0.5 秒，所以听起来为嘀嘀的声音。

3.4.5　元器件清单

表 3-9 为元器件清单。

表 3-9　元器件清单

数字系统课程设计——抢答器——元器件清单				
序号	元器件	型号	数量	备注
1	14 位计数器/锁相环	CD4060	1	
2	双 D 触发器	CD4013	1	
3	四 D 触发器	74HC175	2	
4	二/十进制计数器	CD4029	2	
5	七段译码/驱动	74LS47	3	
6	四二输入与门	CD4081	1	
7	四二输入或非门	74HC02	1	
8	二四输入与门	CD4082	2	
9	8-3 线优先编码器	74HC148	1	
10	微型喇叭	8Ω	1	
11	IC 座	14 脚	7	
12	IC 座	16 脚	7	
13	IC 座	40 脚	2	
14	晶体	32768	1	

数字系统课程设计——抢答器——元器件清单				
序号	元器件	型号	数量	备注
15	发光二极管	红高亮	1	
16	轻触开关	小	4	
17	自锁开关	小	1	
18	共阳极数码管	小	3	
19	三极管	9013 或 8050	1	
20	1/8W 金属膜电阻	100Ω	3	
21	1/8W 金属膜电阻	1kΩ	2	
22	1/8W 金属膜电阻	10kΩ	5	
23	1/8W 金属膜电阻	100kΩ	1	
24	1/8W 金属膜电阻	10MΩ	1	
25	独石电容	220pF 或 30pF	2	
26	实验板	大	1	

3.5　两位减法运算电路的设计

3.5.1　技术要求

基于中小规模集成电路，设计一个简易计算电路，要求如下：

（1）能够进行两位十进制数的减法运算。

（2）用数码管显示运算结果。

3.5.2　方案设计

计算器是能进行数学运算的手持机器，不如电脑功能强大，但是方便廉价，广泛应用于办公与生活之中。减法是数学运算中最基本的运算之一，是复杂运算的基础，在数字电路中，减去一个数可用加上该数的补码来实现，因此核心的减法电路可以用四位并行进位加法器 74HC283 配合与非门实现。总的来说，设计一个减法运算电路需要将其划分成 3 个模块，分别是输入编码、减法运算和输出显示。首先通过按键输入数字，再通过 10-4 编码器 74HC147 输出对应的 BCD 码，送入计算模块进行运算。十位和个位需要分开输入、编码、计算和显示，因此系统框图如图 3-31 所示。

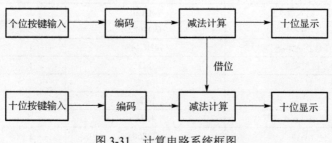

图 3-31　计算电路系统框图

3.5.3　单元设计

编码电路和显示译码电路由于前文已多次提到，此处不再赘述。

1．个位减法计算电路

我们设参与两位二进制的减法运算的变量分别为 $A_7A_6A_5A_4A_3A_2A_1A_0$ 和 $B_7B_6B_5B_4B_3B_2B_1B_0$，它们均为 BCD 码，前四位表示十位上的十进制数，后四位表示个位上的十进制数。那么个位上的减法，就是要计算 $A_3A_2A_1A_0 - B_3B_2B_1B_0$。而减去一个数，可以用加上该数的补码来实现，求补运算可以将减数取反加 1 来实现。

相减后，差有两种情况：一种大于 0，一种小于 0。可以由进位输出信号 C_4 的值判断，当 $C_4 = 0$ 时，表示差小于 0，反之，差大于 0。如果差大于 0，情况比较简单，直接显示即可；如果差小于 0，则需要向高位借位，借位之后，差需要加 10 才能得到正确的结果。故电路如图 3-32 所示。

另外，如果接受输入信号的编码器是反码输出，则减数 B 就不需要取反，反而是被减数 A 需要逐位取反。

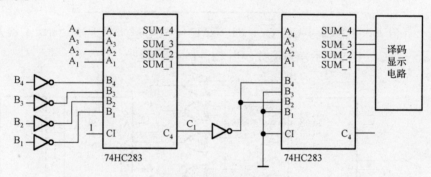

图 3-32　个位减法电路

2．十位减法电路

十位减法电路设计要更复杂一点，设个位相减的差为 C_1，十位相减的差为 C_2，C_1、C_2 为 1 表示大于 0，为 0 表示小于 0。则十位数相减的情况如表 3-10 所示，共有 4 种情况。

表 3-10　相减的 4 种情况

C_1	C_2	表示情况
0	0	不需借位，差大于 0，不需要校正
0	1	不需借位，差小于 0，需要校正
1	0	需借位，差大于 0，不需要校正
1	1	需借位，差小于 0，需要校正

第一种情况最容易处理，直接计算 $A_7A_6A_5A_4 - B_7B_6B_5B_4$，将 $B_7B_6B_5B_4$ 取反加 1，与 $A_7A_6A_5A_4$ 再相加即可。

第二种情况得到的结果是差的补码，无法直接显示数字。因此需要将两数的补码之和，也就是差的补码取反加 1，求出差的绝对值，再送入译码显示电路。

第三种情况有借位，两数相减又是正数，则相减时少加一个 1 就可以了。

第四种情况有借位，并且两个减数补码之和为负数。那么需要先求差的补码，再将补码求绝对值的时候，取反不加 1，即实现了借位。

因此需要两级 74LS283，第一级 74LS283 实现补码相加，第二级实现取反加 1。

要实现正数直接输出，负数取反加 1，我们可以利用异或门来控制。由第一级全加器 74LS283 进位输出信号 C_2 来判断结果的正负，当 $C_2=0$ 时，结果为负，需要取反，这时所有的输出分别与 $\overline{C_2}=1$ 相异或，即实现取反。当 $C_2=1$ 时，结果为正，不需要取反，这时所有的输出分别与 $\overline{C_2}=0$ 相异或，即实现保持不变。

要实现有借位，差减 1，无借位，差不变，则可以利用两级的进位输入信号 CI0、CI1。它们和 C_1、C_2 的关系可以用表 3-11 来表示。

表 3-11　真值表

C_1	C_2	CI_0	CI_1
0	0	1	0
0	1	0	0
1	0	1	1
1	1	1	0

根据以上真值表，可得 $CI_0 = C_1 + \overline{C_2}$，$CI_1 = C_1\overline{C_2}$，故电路如图 3-33 所示。最终差的正负，可由 CI_1 指示，当 $CI_1=0$ 时表示差为正数，当 $CI_1=1$ 时表示差为负数。

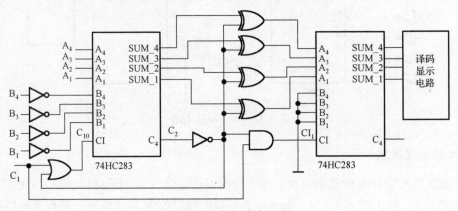

图 3-33　十位减法电路

3.5.4　调试要点

1．个位减法电路

主要调试进位输出信号 C_1，当两数相减，差为正时，进位信号为 1，差为负时，进位信号为 0。

2．十位减法电路

主要调试进位输出信号 C_2，当 $C_2=1$ 时，$\overline{C_2}=0$，差通过异或门应保持不变；当 $C_2=0$ 时，$\overline{C_2}=1$，差通过异或门应取反。

3.5.5 元器件清单

表 3-12 为元器件清单。

表 3-12 元器件清单

数字系统课程设计——减法器——元器件清单				
序号	元器件	型号	数量	备注
1	四位并行加法器	74HC283	4	
2	10-4 线优先编码器	74HC147	4	
3	七段译码/驱动	74LS47	6	
4	异或门	74LS86	1	
5	六反相器	74LS04	2	
6	4-2 输入与非门	74LS00	1	
7	IC 座	14 脚	8	
8	IC 座	16 脚	10	
9	IC 座	40 脚	2	
10	自锁开关	小	40	
11	发光二极管	红高亮	1	
12	共阳极数码管	小	6	
13	1/8W 金属膜电阻	100Ω	6	
14	1/8W 金属膜电阻	10kΩ	40	
15	实验板	大	1	

3.6 其他课程设计题目参考

3.6.1 彩灯显示控制器的设计

设计要求

（1）用中小规模集成电路设计一台彩灯控制器。用计数器和译码器制作一彩灯控制器。

（2）控制器有 4 路输出，每路用红绿双色发光二极管指示。

（3）控制器有 3 重循环方式：

方式 A：单绿左移——单绿右移——单红左移——单红右移；

方式 B：单绿左移——全熄延时伴声音；

方式 C：单红右依——四灯红闪，四灯绿闪延时。

（4）由单刀多掷开关控制 3 种方式，每种方式用单色发光二极管指示。

（5）两灯点亮时间在 0.2～0.6s 间可调，延时时间在 1～6s 间可调。

3.6.2 简易公用电话计时系统的设计

设计要求

用中、小规模集成电路设计一个公用电话计时系统，具体设计要求如下：

（1）每通话 3 分钟计时一次，并通过声响提醒。

（2）显示通话次数，最多 99 次。

（3）定时误差小于 1s。

（4）具有手动复位功能。

3.6.3 乒乓球游戏机的设计

设计要求

基于中小规模集成电路，设计一个两人用乒乓球游戏机，该游戏机的比赛规则如下：

（1）用 8 只 LED 表示球台，亮灯表示乒乓球的运行轨迹。

（2）发球方按下开关即可发球，LED 灯依次点亮，表示球向对方移动。

（3）只有最末端的 LED 灯点亮，接球方才可按下开关接球，提前或者滞后都表示未接到球。若接球方接到球，LED 灯反方向依次点亮，表示球向另一方移动，另一方继续按照相同规则接球。若未接到球，对方得分。

（4）能够复位，能够显示双方的得分。

3.6.4 病房呼叫系统的设计

设计要求

基于中小规模集成电路设计一个病房优先呼叫系统，具体要求如下：

（1）一共 8 个病房，优先级依次为 1 号病房>2 号病房>3 号病房>…>8 号病房。

（2）当某个病房呼叫时，护士站有声音提醒，并显示呼叫病房的号码；当多个病房同时呼叫时，显示优先级别最高的病房号码。

3.6.5 数字秒表的设计

设计要求

基于中小规模集成电路设计一个体育比赛中常用的数字秒表，要求如下：

（1）计时精度为 10ms。

（2）计时范围为 59 分 59.99 秒。

（3）具有启动、停止、复位的功能。

3.6.6 篮球竞赛 24 秒计时器的设计

设计要求

篮球比赛，一般要求进攻时间控制在 24s 之内。基于中小规模集成电路设计一个篮球比赛中使用的 24s 计时器，要求如下：

（1）能够显示 24s 倒计时计数。

（2）能够按键控制计时开始、暂停、继续、清零。

（3）当计时结束后，声光报警提醒。

3.6.7 简易数字式电容测量仪

设计要求

基于中小规模集成电路，设计并制作一种数字式电容测量仪，测量电容的大小，技术指标如下：

（1）测量范围：1000pF～100μF。

（2）测量误差：±10%。

（3）测量结果用 3 位数码管显示。

3.6.8　自动售货机的设计

设计要求

基于中小规模集成电路，设计并制作一种自动售货机系统，能够完成数钱、显示、找零、退币等功能。

（1）共有两种商品，矿泉水 2 元，可乐 3 元。

（2）可以接受两种货币，一种 1 元，一种 5 元。

（3）购买商品时，首先按下要购买商品的对应按键，商品对应的灯亮。然后投入钱币，显示投币总额，投入完毕按下确认键。如果钱币总数大于商品价格，吐出商品，显示退币总额并退币；如果钱币总数小于对应商品价格，或者超时 15s 未按确认键，系统退币，不吐出商品。

3.6.9　简易数字频率计的设计

设计要求

基于中小规模集成电路，设计并制作一种数字频率计，可以测量多种信号的频率。

（1）被测信号可以是正弦波、方波、三角波等。

（2）被测信号幅度：0.2～5V。

（3）测量范围：1Hz～100kHz，可以分 3 挡。

（4）结果用 4 位数码管显示。

3.6.10　汽车尾灯控制电路设计

设计要求

基于中小规模集成电路，设计一个汽车尾灯控制电路，控制汽车尾部左右两侧各 3 个指示灯的亮灭。

（1）汽车正常行驶时，左右尾灯全灭。

（2）汽车右转弯时，右侧 3 个指示灯从左向右循环点亮。

（3）汽车左转弯时，左侧 3 个指示灯从右向左循环点亮。

（4）汽车刹车时，所有指示灯闪烁。

3.6.11　拔河游戏机的设计

设计要求

基于中小规模电路，设计一种电子拔河游戏机，游戏规则如下：

（1）电子绳由 11 个发光二极管组成，甲乙双方各有一个按键。裁判按下开始键，比赛开始，只有最中间的发光二极管亮，双方迅速按下按键。甲每按下按键一次，亮灯向左移动一次，乙每按下按键一次，亮灯向右移动一次。直至亮灯移动到最左或者最右端，此时发光二极管被锁定，一方获胜。

（2）显示局数和得分。

（3）裁判按键可以控制开始和清零。

3.6.12 直流数字电压表的设计

设计要求

基于中小规模集成电路，设计和制作一种直流数字电压表，设计要求如下：

（1）测量量程为+10V，分辨率为0.1V。

（2）结果用3位数码管显示。

（3）当被测直流电压超出量程时，声光报警。

3.6.13 多路防盗报警器的设计

设计要求

基于中小规模集成电路，设计并制作一种多路防盗报警电路，具体要求如下：

（1）正常状态下，不报警。

（2）当有外人入侵时，声音提示报警，并显示入侵地点。

3.6.14 微波炉控制电路设计

设计要求

基于中小规模集成电路，设计并制作微波炉的控制电路，基本功能如下：

（1）通过按键设置加热时间，最大时间为59分59秒，用4个数码管显示。

（2）时间设置完毕后，按开始键，开始加热（加热灯亮），同时数码管显示倒计时。

（3）倒计时结束后，加热停止，系统复位。

3.6.15 洗衣机控制电路设计

设计要求

基于中小规模集成电路，设计并制作洗衣机洗涤功能的控制电路，基本功能如下：

（1）输入洗涤时间，范围为1～59分钟，用两个数码管显示。

（2）按下开始键后，洗衣机按照正转20s—暂停10s—反转20s—暂停10s的周期循环变化，直至洗涤时间结束，用两个发光二极管表示正转和反转。

（3）倒计时显示剩余洗涤时间。

（4）洗涤时间到，声光提醒用户。

第 4 章 EDA 工具介绍

本章介绍常用的 EDA 工具，包括 Altera 公司 EDA 软件 Quartus II 的基本功能和设计流程，Quartus II 自带的一些组件，如参数化模块库、嵌入式逻辑分析仪、在系统存储编辑器的应用，最后简单介绍常用的第三方仿真工具 ModelSim 的使用方法。

4.1 QuartusII 概述

Altera 是世界上最大的可编程逻辑器件供应商之一，Quartus II 是 Altera 在 21 世纪初推出的新一代 FPGA/CPLD 开发集成环境，它是 Altera 前一代 FPGA/CPLD 集成开发环境 MAX+plus II 的更新换代产品，其界面友好，使用便捷。

Altera 的 Quartus II 提供了一种与结构无关的设计环境，使设计组能够方便地进行设计输入、快速处理和器件编程。它还提供了完整的多平台设计环境，能满足各种特定设计的需要，也是单芯片可编程系统（SOPC）设计的综合性环境和 SOPC 开发的基本设计工具，并为 Altera DSP 开发包进行系统模型设计提供了集成综合环境。

Quartus II 设计工具完全支持 VHDL、Verilog HDL 程序的设计流程，其内部嵌有 VHDL、Verilog HDL 程序逻辑综合器。Quartus II 也可以利用第三方的综合工具，如 Leonardo Spectrum、Synplify Pro 及 DC-FPGA，并能够直接调用这些工具。同样，Quartus II 具备仿真功能，也支持第三方仿真工具，如 ModelSim。另外，Quartus II 与 MATLAB 和 DSP Builder 结合，可以进行基于 FPGA 的 DSP 系统开发，是 DSP 硬件系统实现的关键 EDA 工具。

Quartus II 包括模块化的编辑器。编辑器包括的功能模块有分析综合、适配器、装配器、时序分析器、设计辅助模块、EDA 网表文件生成器、编辑数据接口等。可以通过选择 Start Compilation 来运行所有的编译器模块，也可以通过选择 Start 单独运行各个模块。还可以通过选择 Compiler Tool，在 Compiler Tool 窗口中运行该模块来启动编译器模块。在 Compiler Tool 窗口中可以打开该模块的设置文件或报告文件，或打开其他相关窗口。

此外，Quartus II 还包含许多十分有用的 LPM 模块，它们是复杂或高级系统构建的重要组成部分，也可在 Quartus II 中与普通设计文件一起使用。Alter 提供的 LPM 函数均基于 Altera 器件的结构做了优化设计。在许多实际情况中，必须使用宏功能模块才可以使用一些 Altera 特定器件的硬件功能。

Altera 公司于 2015 年 11 月发布 Quartus Prime V15.1 设计软件，在 Quartus II 基础上增加了 Spectra-Q 引擎，针对 Arria 10 以及未来的器件进行了优化。Spectra-Q 引擎包括一组更快、扩展性更好的新算法，以及新的分层基础数据库和新的统一编译器技术。Quartus Prime V15.1 使得 Arria 10 器件提高了一个速率等级，性能上实现了突破，进一步提高了设计效能，缩短了编译时间。

4.2　Quartus II 设计

Quartus II 软件界面比较统一，功能集中，设计流程规范。目前各高校 EDA 课程中使用较多的版本是 Quartus II 9.1，本书相关实验也基于这一版本，下面介绍 Quartus II 9.1 的使用方法。

4.2.1　Quartus II 设计流程

Quartus II 的设计流程如图 4-1 所示。

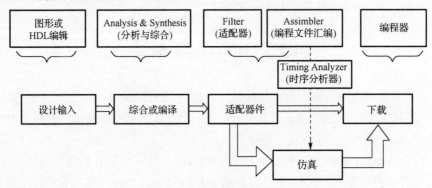

图 4-1　Quartus II 设计流程

图 4-1 中上排所示的是 Quartus II 编译设计主控界面，它显示了 Quartus II 自动设计的各主要处理环节和设计流程，包括设计输入编辑、设计分析与综合、适配、编程文件汇编（装配）、时序参数提取以及编程下载几个步骤。图 4-1 中下排是流程框图，是与上面的 Quartus II 设计流程相对照的标准的 EDA 开发流程。下面对各个环节进行简单介绍。

1．设计输入

将电路系统以一定的表达方式输入计算机，是在 EDA 软件平台上对 FPGA/CPLD 开发的最初步骤。Quartus II 的设计输入方式很多，可以使用 Block Editor 建立原理图输入文件，或使用 Text Editor 建立文本输入文件（包括 VHDL、Verilog HDL 和 AHDL），还可以通过 MegaWizard Plug-In Manager 定制宏功能模块。Quartus II 还能够识别来自第三方的网表文件（如 EDIF），并提供了很多 EDA 软件的接口。Quartus II 支持层次化设计，可以在一个新的编辑输入环境中对使用不同输入设计方式完成的模块（元件）进行调用，从而解决了原理图与 HDL 混合输入设计的问题。

2．综合

综合就是将 HDL 文本、原理图等设计输入翻译成由基本门电路、触发器、存储器等基本逻辑单元组成的硬件电路，它是文字描述与硬件实现的桥梁。综合就是将电路的高级语言（如行为描述）转换成低级的、可与 FPGA/CPLD 的基本结构相映射的网表文件或程序。为达到速度、面积、性能的要求，往往需要对综合加以约束，称为综合约束。

可以使用 Quartus II 自带的 Analysis & Synthesis 模块进行综合，也可以选择第三方 EDA 综合工具，如 Synplicity 公司的 Synplify、Synplify Pro 综合器，Mentor Graphics 公司的 Design Architect、Leonardo Spectrum 综合器等。

Quartus II 在完成编译时可以自动完成分析综合，也可以单独启动 Start Analysis & Synthesis 菜单，通过 Analysis & Elaboration 可以检查设计的语法错误。

3. 适配

适配器也称结构综合器，它将综合器产生的网表文件配置于指定的目标器件中，使之产生最终的下载文件，如 jedec、jam、sof、pof 格式的文件。适配器完成底层器件配置、逻辑分割、逻辑优化、逻辑布局布线等操作。由于适配对象必须直接与器件的结构细节相对应，因此适配器需由 FPGA/CPLD 供应商自己提供。

在 Quartus II 中，适配是由 Fitter 模块来完成的。Fitter 使用分析综合后得到的网表数据库，将设计所需的逻辑和时序要求与目标器件的可用资源相匹配。它为每一个逻辑功能分配最佳的逻辑单元位置，进行布线和时序分析，并选择合适的相应的互连路径和引脚分配。如果在设计中已经对资源进行了分配，则 Fitter 将这些资源分配与器件上的资源进行匹配，尽量使设计满足设置的约束条件，并对剩余的逻辑进行优化。如果没有设定任何设计限制，Fitter 将自动对设计进行优化。如果找不到合适的匹配，Fitter 将会终止编译并给出错误信息。Quartus II 中的完全编译包括了适配，可以单独执行 Start Fitter 操作，前提是分析综合必须成功。

4. 仿真

仿真就是计算机根据一定的算法和仿真库对 EDA 设计进行模拟测试，以验证设计，排除错误。仿真是 EDA 设计过程中的重要步骤，可以分为功能仿真和时序仿真。功能仿真直接对设计文件的逻辑功能进行测试模拟，以了解其是否满足设计要求。功能仿真过程可不涉及任何具体器件的硬件特性，它的优点是耗时短，对硬件库、综合器等没有任何要求。时序仿真是在经过综合、适配，电路的最终形式已经固定之后，再加上器件物理模型进行仿真。时序仿真更接近真实器件的运行特性，它包含器件硬件特性参数，仿真精度高。

可以使用 Quartus II 自带的 Simulator 模块进行仿真，也可以使用第三方 EDA 仿真工具，如 Cadence 公司的 Verilog XL、NC-VHDL，Mentor Graphics 公司的 ModelSim 等。在第 5 章中将详细介绍 ModelSim 的使用方法。

5. 时序分析

在高速数字系统设计中，随着时钟频率的大大提高，留给数据的有效操作时间越来越短，同时时序和信号的完整性也是密不可分的，良好的信号质量是确保稳定时序的关键，因此必须进行精确的时序计算和分析。

Quartus II 提供两个独立的时序分析工具，一个是默认的经典 Timing Analyzer 时序分析仪，另一个是新增的 TimeQuest 时序分析仪。它们提供了完整的对设计性能进行分析、调试和验证的方法，对设计所有路径的延时进行分析，并与时序要求相比较，以保证电路在时序上的正确性。

6. 编程下载

把适配后生成的下载或配置文件，通过编程器或编程电缆向 FPGA/CPLD 下载，以便进行硬件调试和验证。编程下载是 Quartus II 设计流程的最后一步，编程下载文件由 Quartus II 集成的 Assembler 模块产生，启动全程编译会自动运行 Assembler 模块。编程下载后，就可以在实验箱或实验板上进行硬件验证了。

4.2.2　Quartus II 设计举例

本节通过一个简单的例子详细介绍 Quartus II 的完整开发设计流程，我们以一位半加器为例。

1．创建工程

（1）建立工作库文件夹。

任何一项 EDA 设计都是一项工程（Project），必须首先为此工程建立一个放置与该工程相关的所有设计文件的文件夹。此文件夹将被默认为工作库（Work Library），文件夹的取名最好具有可读性。一般来说，不同设计项目最好放在不同的文件夹中，同一工程的所有文件放在同一文件夹中。

（2）打开并建立新工程管理窗口。

在建立了文件夹后，利用 New Project Wizard 工具创建工程。图 4-2 为 Quartus II 9.1 界面及新建工程菜单。

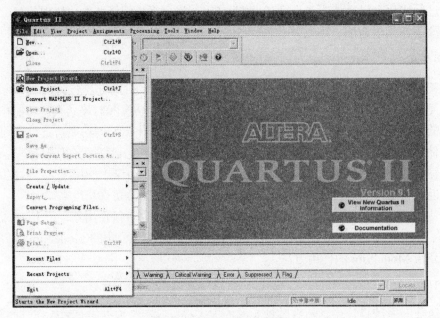

图 4-2　Quartus II 9.1 界面

单击"Next"按钮进入参数设置窗口，如图 4-3 所示。

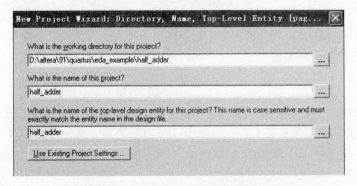

图 4-3　利用 New Project Wizard 创建工程

分别设置工程所在文件夹路径、工程名以及顶层设计文件名。**Quartus II 要求工程名和顶层设计文件名必须一致**。和文件夹取名一样，工程名及设计文件名最好具有可读性，即和设计功能相关，这里我们给一位半加器的工程和顶层文件取名为 half_adder。

（3）将设计文件加入工程。

单击"Next"按钮，弹出图 4-4 所示的添加设计文件窗口。如果设计文件暂时没有，则可以跳过这步，待设计文件编辑好后再添加。

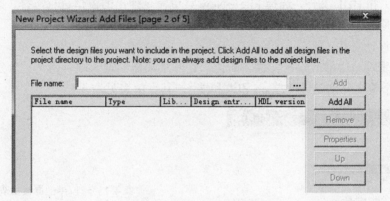

图 4-4　添加设计文件窗口

（4）选择目标芯片。

进入目标芯片选择窗口，如图 4-5 所示。

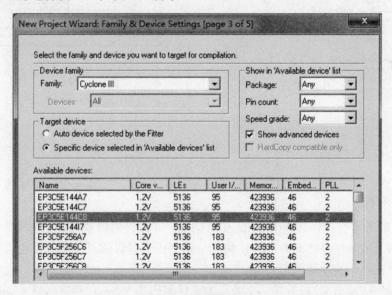

图 4-5　选择目标器件

根据目标器件的类型进行选择，我们实验箱上的器件为 EP3C5E144C8，它属于 CycloneIII 系列。目标芯片的型号也可以通过选择 Assignments→Device 命令，在弹出的窗口中进行修改。

（5）工具设置及结束设置。

单击"Next"按钮，弹出 EDA 工具设置窗口——EDA Tool Settings。再单击"Next"按钮，弹出工程设置统计窗口，上面列出了此工程相关的设置情况。最后单击"Finish"按钮，结束工程设置。工程建好之后，可以使用 Project→Add/Remove Files in Projects 菜单命令添加文件到工程或删除工程中现有的文件。

2．编辑和输入设计文件

（1）新建设计文件。

Quartus II 的文件类型有很多，设计输入文件主要有原理图输入文件（Block Diagram/Schematic File）和 HDL 文件，选择 File→New 菜单命令弹出的窗口进行选择，如图 4-6 所示。本例选择新建原理图输入文件。

（2）编辑设计文件。

在图形编辑窗口中输入设计文件。一位二进制半加器的输入端有两个，分别是加数 a 和被加数 b，两个输出分别是进位端 co 和求和端 s，其真值表见表 4-1。

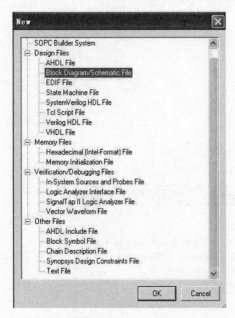

图 4-6　选择编辑文件类型

表 4-1　一位半加器真值表

输入		输出	
a	b	co	s
0	0	0	0
0	1	0	1
1	0	0	1
1	1	1	0

由真值表得到输出逻辑表达式：co=a&b，s=a^b。因此，实现一个一位半加器需要一个二输入与门和一个异或门。

双击图形编辑窗空白处，弹出 Symbol 对话框，即元件编辑窗口，如图 4-7 所示。左上角是 Quartus II 9.1 的一些基本元件库，以树状目录列出。可以通过目录选择也可以直接在左下角的"Name"一栏内直接输入元件名。

首先添加输入/输出端口。在图 4-7 所示的元件编辑窗"Name"栏直接输入 input（输入端），在窗口右侧会出现相应原件的图形符号，单击"OK"按钮将元件放置到图形编辑窗口。依次加入两个输入端、两个输出端（output）。

选中图形编辑窗中的元件，双击或右击选择"Properties"会弹出元件属性设置窗口，可以修改元件名称、默认取值、外观等属性。在图 4-8 中，我们修改输入端口的名称。

接下来添加异或门和二输入与门。注意，Quartus II 中的二输入与门元件名为"and2"，如图 4-9 所示。

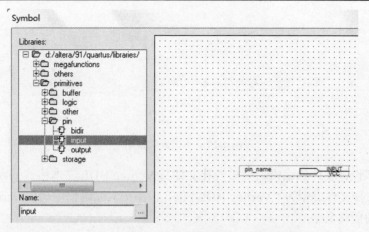

图 4-7　添加输入端口

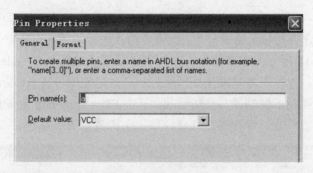

图 4-8　更改元件名称

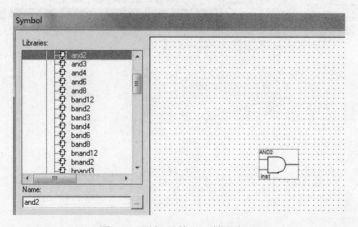

图 4-9　添加元件—二输入与门

　　修改各端口名称，调整元件位置，接下来用连线工具完成各元件间的连接，从而得到了完整的一位半加器电路图，如图 4-10 所示。

　　（3）保存设计文件。

　　将上述原理图设计文件存放于之前设定的工程文件夹内，文件名为 half_adder，后缀名为.bdf。注意，该工程只有一个设计文件，它就是顶层文件，文件命名要与创建工程时设定的顶层文件名一致。

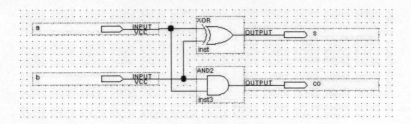

图 4-10　半加器电路图

至此完成了设计文件的编辑。如果设计文件是 Verilog HDL 文本格式，在第（1）步新建设计文件中，选择文件类型为"Verilog HDL File"，在文本编辑框中输入 Verilog HDL 程序代码，设计文件的后缀名是.v。

3．编译

选择 Processing →Start Compilation 命令，启动全程编译。如果工程中的文件有错误，在下方的 Processing 处理栏会显示错误信息，改错后再次进行编译直至排除所有的错误。编译成功后，可以得到图 4-11 所示的编译结果，在左上角显示了工程 half_adder 的层次结构及其耗用的逻辑宏单元数量；此栏下方是编译处理流程；右边是编译报告（Compilation Report）栏，单击各选择菜单可以详细了解编译与分析结果，其中 Flow Summary 为硬件耗用统计报告，显示当前工程耗用逻辑宏单元、寄存器、存储位数、引脚数量等信息。

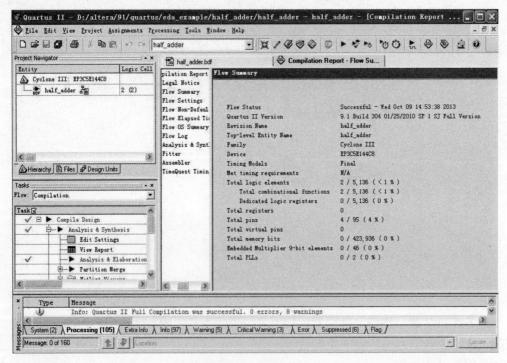

图 4-11　编译结果

4．仿真

通过编译后，须对工程进行功能或时序仿真，以了解设计结果是否满足要求。

（1）新建仿真波形文件。

依次选择菜单命令 File →New →Vector Waveform File，系统会弹出空白的波形编辑器。

（2）设置仿真时间。

对时序仿真来说，将仿真时间设置在一个合理的范围内十分重要，一般根据设计内容来选择仿真时间。仿真时间过长则耗时太多，仿真时间过短则无法判断结果是否符合要求。选择菜单命令 Edit →End Time，弹出如图 4-12 所示的窗口，我们选择仿真时间为 5us。

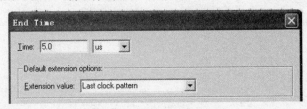

图 4-12　设置仿真时间

（3）添加仿真信号。

将工程中需要观察的信号节点加入波形编辑器中，添加的方法有很多，如选择菜单命令 Edit →Insert→Insert Node or Bus，或双击波形编辑器左栏等，都会弹出图 4-13 所示的添加节点窗口。

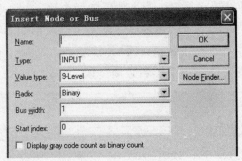

图 4-13　添加节点窗口

选择"Node Finder"按钮打开图 4-14 所示的节点查找窗口。通过过滤选项（Filter）帮助我们选择需要信号的类型，这里我们选择 Pins:all，单击"List"按钮，左下方已经找到的节点一栏（Nodes Found）中会列出本工程所有的引脚；如果还需要观察内部寄存器，则可以选择 Pins: all &Registers。

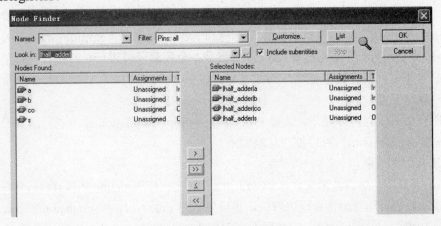

图 4-14　节点查找窗口

在 Nodes Found 中选中需要观察的信号，单击">"按钮，将信号选入右边的已经选中节点一栏（Selected Nodes）。">>"按钮表示选中左栏所有的信号，"<"表示删除一个已选节点，"<<"表示删除所有已选节点。

（4）输入激励信号。

对输入波形进行编辑，确定其逻辑值。注意，输出波形不需要编辑，由仿真器算出，仿真的过程就是软件模拟硬件的运行情况，根据输入信号的取值计算出输出信号的结果。

利用"Customize Waveform Editor"工具对输入波形进行编辑，该工具栏以及其中各工具功能如图 4-15 所示。

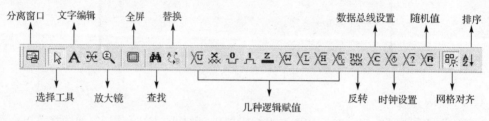

图 4-15　波形编辑工具栏

本设计中，我们用时钟设置工具将一位半加器的两个输入端 a 和 b 设为周期分别为 200ns 和 400ns、占空比为 50%的周期信号，设置好激励信号的波形如图 4-16 所示。将波形文件保存到工程所在文件夹，文件名为 half_adder，后缀名为.vwf。注意，Quartus II 中仿真也是以工程为单位的，要求仿真波形文件名与工程名必须一致。

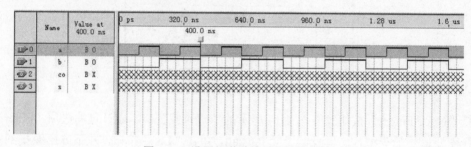

图 4-16　设置好激励信号的波形文件

（5）设置仿真器参数。

前面提到，仿真分为功能仿真和时序仿真，在 Quartus II 中可以设置相关仿真参数。选择 Assignment→Settings 命令，打开参数设置窗口，在右侧选择"Simulator Settings"选项，得到图 4-17 所示的仿真参数设置窗口。本例是在全程编译后进行仿真的，经过了适配，已经包含了延时等器件硬件特性参数，因此选择时序仿真。

（6）启动仿真器。

现在所有仿真设置进行完毕，选择 Processing →Start Simulation 命令进行仿真，直到出现"Simulation was successful"对话框，仿真完成。

（7）分析仿真结果。

在 Quartus II 中，仿真波形文件（*.vwf）和仿真报告（Simulation Report）是分开的。一般来说仿真成功后会自动弹出仿真报告窗口，也可以选择 Processing→Simulation Report 打开。

一位半加器的仿真结果如图 4-18 所示，对照表 4-1 的真值表，可以验证仿真结果的正确性。由于我们进行的是时序仿真，输出结果 s 有毛刺是正常现象。这是因为输入 a 和 b 同时由 1 变为 0，由于每条路径上的延迟时间不同，到达异或门的时间就有先后，存在竞争和冒险，从而产生毛刺。

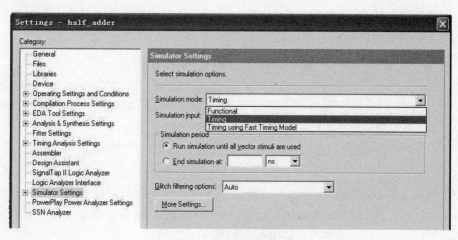

图 4-17　仿真参数设置窗口

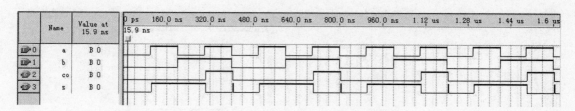

图 4-18　一位半加器仿真结果

5．时序分析

完成波形仿真后，可以使用时序分析工具对设计进行时序分析。通过选择菜单命令 Assignment→ Settings→ Timing Analysis Settings 选择分析工具，如图 4-19 所示。

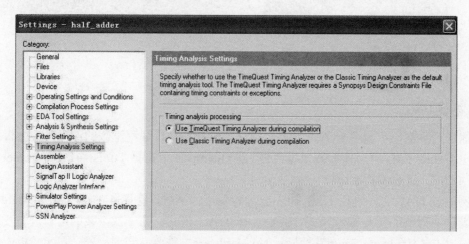

图 4-19　时序分析工具选择

6. 引脚锁定

为了将设计好的半加器工程下载到 EDA 开发板——KX-7C 系列实验开发系统上进行硬件功能验证，首先要根据开发板的现有资源进行端口分配，确定每个端口与 FPGA 引脚的对应关系，再进行引脚锁定。KX-7C 系列实验开发系统使用说明见本书附录。端口与实验板信号以及 FPGA 引脚的对照关系见表 4-2。

表 4-2　端口-信号-引脚对照表

端口名	实验箱信号端	引脚编号
A	拨码开关 L1	Pin91
B	拨码开关 L2	Pin90
Co	发光二极管 D1	Pin144
S	发光二极管 D2	Pin1

我们让输入 a 和 b 从两个开关引入，输出 co 和 s 送至指示灯。接着进行引脚锁定。选择 Assignment →Pins，弹出"Pin Planner"窗口，在"Node Name"一列输入设计中的输入和输出端口名，"Location"一列输入引脚编号，如图 4-20 所示。

引脚锁定好之后，必须再次启动全程编译，才能将引脚锁定的信息编译进编程下载文件中。

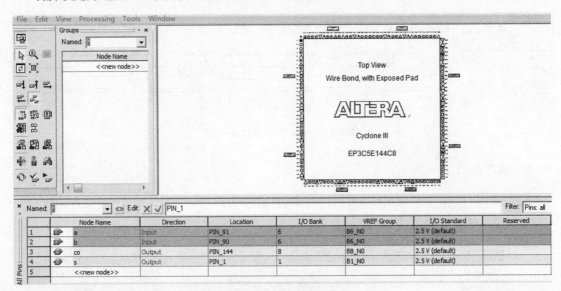

图 4-20　引脚锁定

7. 编程下载

将编译产生的*.sof 文件配置进 FPGA 中进行硬件测试，编程下载的前提是实验板和电脑的下载电缆连接完好，并且实验板上电工作。在 Quartus II 中选择 Tools →Programmer 命令，弹出图 4-21 所示的编程窗口。

本例通过 JTAG 接口利用 USB Blaster 编程器进行下载，在图 4-21 右上方"Mode"后的下拉列表框中列出了 4 种编程模式，我们选择 JTAG 模式。第一次下载的用户没有安装编程器，即左上方"Hardware Setup"栏显示 No Hardware，需要安装编程器。在实验板上电且编程链路连接完好的情况下，电脑一般会自动安装 USB Blaster 编程器。如果没有，则可以手动安装，过程如下：电脑检测到不能正常工作的设备或在设备管理器中找到没有安装驱动的设备，选择手动安装驱动程序，选择 USB Blaster 驱动程序所在的路径，一般来说在 Quarstus II 安装目录 drivers 子目录下的 usb-blaster 文件夹内，如 D:\altera\91\quartus\drivers\usb-blaster。USB Blaster 编程器安装好之后，点击"Hardware Setup"栏，弹出如图 4-22 所示的编程器设置窗口，可以选择、添加或删除相应的编程器。

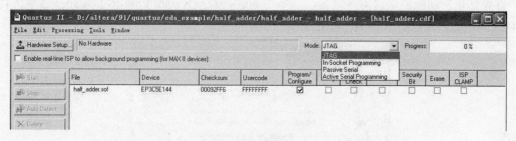

图 4-21 编程窗口

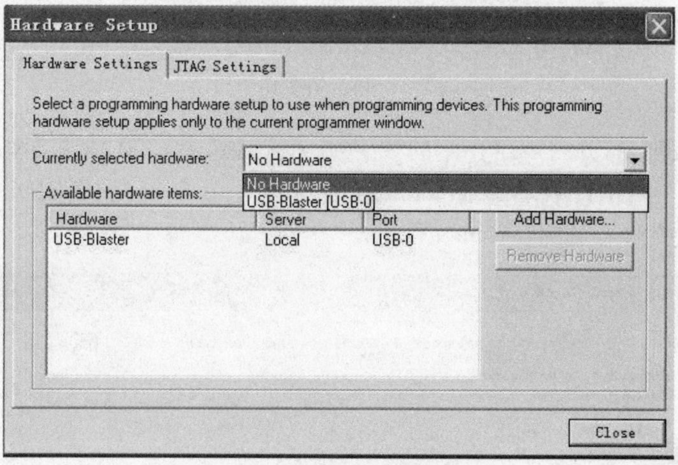

图 4-22 编程器设置窗口

编程器和编程模式设置好之后，选择相应的配置文件（本例为 half_adder.sof），最后单击下载按钮"Start"，完成对目标器件 FPGA 的配置下载操作。

8．硬件验证

对照真值表（表 4-1），在实验板上验证设计功能。这样就完成了一个完整的基于 Quartus II 的 EDA 设计。

4.3　参数化模块库调用

Quartus II 自带参数可设置模块库（LPM: Library of Parameterized Modules），Altera 公司提供的参数化宏功能模块和 LPM 函数均基于 Altera 器件的结构进行了优化设计。宏功能模块可以以图形或 HDL 形式方便地被调用，这使基于 EDA 技术的电子设计的效率和可靠性得到了很大的提高。LPM 库中模块内容丰富，每一模块的功能、参数含义、使用方法、HDL 模块参数设置及调用方法都可以在 Quartus II 的 Help 中查阅到，方法是选择 Help→Megafunction/LPM 选项。

下面以一个 128×8 的 ROM 设计为例说明 LPM 参数模块库的定制和使用方法。

1. LPM_ROM 宏模块调用

首先打开宏功能模块调用管理器，选择 Tools→ MegaWizard Plug-In Manager 命令，打开图 4-23 所示的对话框，选中第一项定制新的宏功能模块。

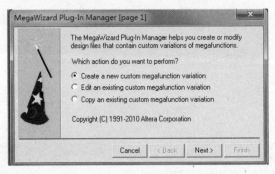

图 4-23　定制新的宏功能模块

单击"Next"按钮，打开图 4-24 所示的对话框。在左边选中 LPM 模块类型；Memory Complier 子目录下的 ROM：1-PORT。在右边选择 FPGA 芯片器件族：CycloneIII；HDL 语言类型：Verilog HDL，以及此模块文件存放的路径和文件名。

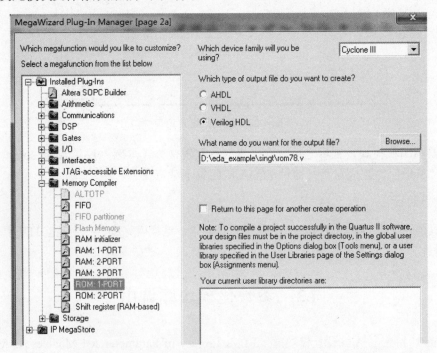

图 4-24　LPM 宏功能模块设定

单击 "Next" 按钮进行 LPM_ROM 参数设置。选择 ROM 位宽：8 位；数据深度：128 个字；存储器构建方式：自动或 M9K；时钟方式：单时钟还是双时钟。如图 4-25 所示。

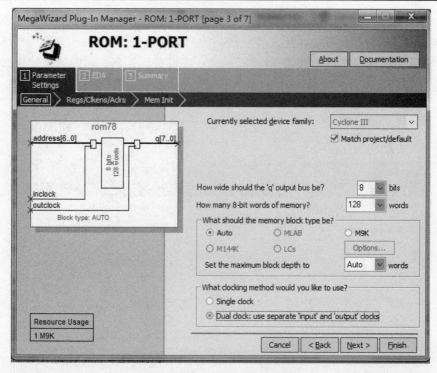

图 4-25　LPM_ROM 的参数设置 1

单击 "Next" 按钮，继续 LPM_ROM 参数设置，包括输入/输出是否需要加入一级寄存器，以及一些控制信号的选择，如时钟使能端、异步清零端和读使能端等。

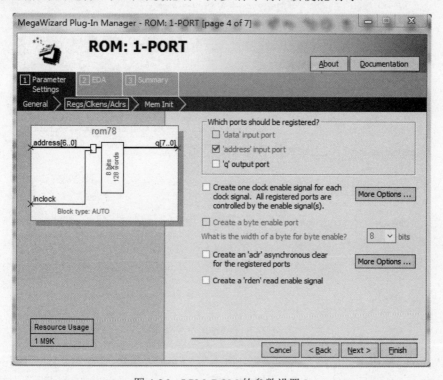

图 4-26　LPM_ROM 的参数设置 2

　　继续单击"Next"按钮，选择是否需要给存储器设置初始化文件。对 LPM_ROM 来说，这一项必须选择 Yes，并设置初始化文件所在路径，如图 4-27 所示。下方复选框选项为是否允许在系统存储器数据读写，这里选中表示允许，并设置元件名。存储器初始化文件的编辑和在系统存储器数据读写编辑器的应用将在后面介绍。

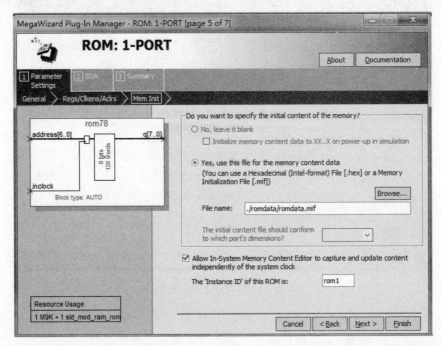

图 4-27　设置初始化文件

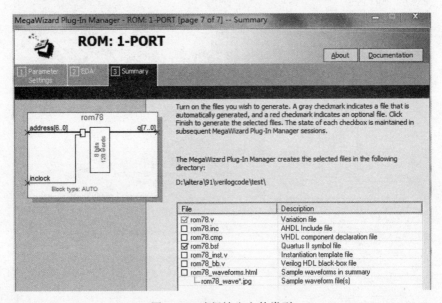

图 4-28　选择输出文件类型

　　单击"Next"按钮选择输出文件的类型，再单击"Finish"按钮完成 ROM 的定制，如图 4-28 所示。rom78.bsf 是符号文件，rom78.v 是 Verilog HDL 源文件，可以在顶层设计中被调用。

2．存储器初始化文件及其生成

存储器初始化文件是可配置于 LPM_RAM 或 LPM_ROM 中的数据或程序代码，初始化文件的类型有 Memory Initialization File（.mif）和 Hexadecimal（Intel-Format）File（.hex）两种。初始化文件的生成方法有很多，可以在 Quartus II 中直接编辑，可以用文本编辑器编辑，还可以由 C/MATLAB 等高级语言及工具生成，或者用专用工具产生。下面介绍两种常用的 mif 文件生成方法。

（1）Quartus II 直接编辑法。

在 Quartus II 中新建一个 mif 文件，选择菜单命令 File→New，在文件类型选择窗（见图 4-6）Memory File 一栏，选择 Memory Initialization File，单击"OK"按钮会弹出存储文件大小选项。在此根据存储器的容量选择参数，128×8 的 ROM，Number 选为 128，Word size（数据线宽）为 8 位。单击"OK"按钮，将出现图 4-29 所示的 mif 文件编辑窗，在此输入数据。表格中每个数据对应的地址是第一行与第一列之和。单击窗口边缘的地址数据会弹出对话框，提供地址和数据的数制选择，图 4-29 中的地址和数据都是十六进制。

Addr	+0	+1	+2	+3	+4	+5	+6	+7
00	80	86	8C	92	98	9E	A5	AA
08	B0	B6	BC	C1	C6	CB	D0	D5
10	DA	DE	E2	E6	EA	ED	F0	F3
18	F5	F8	FA	FB	FD	FE	FE	FF
20	FF	FF	FE	FE	FD	FB	FA	F8
28	F5	F3	F0	ED	EA	E6	E2	DE
30	DA	D5	D0	CB	C6	C1	BC	B6
38	B0	AA	A5	9E	98	92	8C	86
40	7F	79	73	6D	67	61	5A	55
48	4F	49	43	3E	39	34	2F	2A
50	25	21	1D	19	15	12	0F	0C
58	0A	07	05	04	02	01	01	00
60	00	00	01	01	02	04	05	07
68	0A	0C	0F	12	15	19	1D	21
70	25	2A	2F	34	39	3E	43	49
78	4F	55	5A	61	67	6D	73	79

图 4-29　mif 文件编辑窗

（2）文本编辑法。

使用文本编辑器，如记事本，编辑 mif 文件，格式如下：

```
DEPTH = 128;                    //数据深度，即存储数据个数
WIDTH = 8;                      //输出数据宽度
ADDRESS_RADIX = HEX;            //地址数据类型，HEX 表示十六进制
DATA_RADIX = HEX;              //存储数据类型
CONTENT BEGIN
0000 : 0080;                    //地址：数据
  ⋮                            //数据省略
007F : 0079;
END ;
```

3. LPM_ROM 测试

在原理图文件中调用上面设置的 LPM_ROM，添加输入/输出端口并连线，完成完整的电路图设计，如图 4-30 所示。

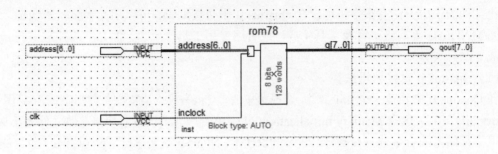

图 4-30　在原理图上连接好的 ROM 模块

创建工程、编译仿真后得到图 4-31 所示的仿真波形。通过分析可知，仿真结果与 LPM_ROM 初始化文件中的数据一致。

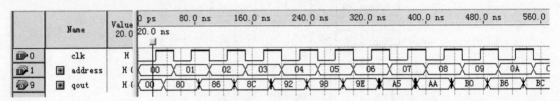

图 4-31　ROM 仿真波形

4.4　层次化设计方法

复杂系统描述通常采用层次化设计方法，即将具体的设计任务按功能分成多个独立模块分别实现，再在顶层文件中将这些模块连接起来，完成整个设计。层次化设计方法在设计任务时自顶向下进行分析设计，将任务划分为多个独立的子模块，而实现时则是自底向上逐层实现。

我们以正弦波信号发生器为例，介绍 EDA 层次化设计方法。正弦波信号发生器结构框图如图 4-32 所示，它由地址信号发生器、正弦波数据 ROM 和 D/A 转换模块构成，其中前两个模块在 FPGA 上完成，分别由 LPM_Counter 和 LPM_ROM 实现，然后用原理图方法设计顶层文件，D/A 转换模块由 EDA 开发板扩展模块实现。

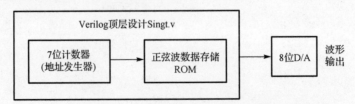

图 4-32　正弦波信号发生器结构框图

我们对一个周期的正弦波信号进行 128 点采样，对采样点幅度量化后进行 8 位编码，将这 128×8 位数据存入一个定制的 LPM_ROM 中，LPM_ROM 的定制见上节。地址发生器由 LPM 计数器实现，根据 ROM 的参数，选择 7 位计数器，模块名为 cnt7.v。图 4-33 是正弦波信号发生器的顶层设计。

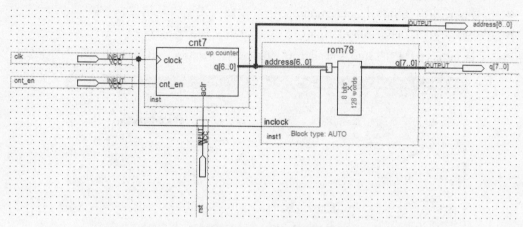

图 4-33　正弦波信号发生器顶层原理图设计文件

仿真结果见图 4-34，address 是地址输出、q 是数据输出，可以看到在每一个时钟的上升沿，输出端口 q 将正弦波数据依次输出。

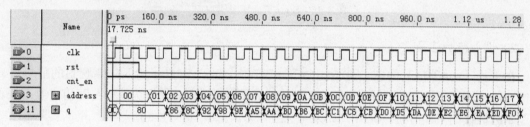

图 4-34　正弦波信号发生器仿真波形

硬件验证时，将输出端 q 与扩展板 D/A 数据输入端连接。这样，在 D/A 模块输出端口用示波器可以观察到连续的正弦波信号。

4.5　嵌入式逻辑分析仪使用方法

Quartus II 中的嵌入式逻辑分析仪 SignalTapII 是一种高效的硬件测试工具，它的采样点可以随设计文件一并下载到目标芯片中，用以捕捉目标芯片内部系统信号节点或总线上的数据，却又不会影响到硬件系统的正常工作。SignalTapII 将测得的采样点信号暂存于目标器件中的嵌入式 RAM 中，然后通过器件的 JTAG 端口将采样的数据传出，送入计算机进行显示和分析。

上节的例子中，如果不准备通过 D/A 来观察输出波形，则可以利用嵌入式逻辑分析仪测试和观察输出信号。下面以此为例介绍 SignalTapII 的基本使用方法。

1. 打开 SignalTapII 编辑窗口

选择 File→New 命令，选择文件类型 SignalTapII Logic Analyzer File，打开图 4-35 所示的 SignalTapII 编辑窗口。SignalTapII 编辑窗口主要由下面几栏构成：

- 实例管理窗口（Instance Manager）：元件设置分析；
- JTAG 链路配置窗口（JTAG Chain Configuration）：硬件和文件配置；
- 数据及其设置窗口（Data/Setup）：设置测试信号，观察测试数据；
- 信号设置窗口（Signal Configuration）：设置嵌入式逻辑分析仪参数；
- 层次显示窗口（Hierarchy Display）：显示分析文件的层次结构。

单击上排 Instance 栏内的 auto_signaltap_0，更改名字为 rom1，与图 4-27 所示的元件名要一致。

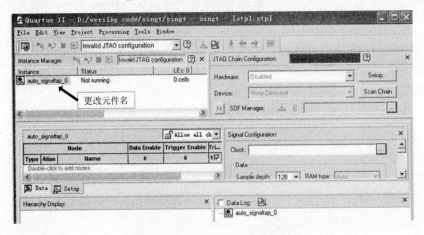

图 4-35　SignalTapII 编辑窗口

2．调入待测信号

在下栏（rom1 栏）的空白处双击，弹出 Node Finder 窗口，调入需要观察的信号名，见图 4-36。注意，不要将工程的系统时钟 clk 调入待观察窗口，因为我们打算用它兼作嵌入式逻辑分析仪的采样时钟。此外，如果有总线信号，只需调入总线信号名；根据实际需要来调入信号，不可随意调入过多的信号，否则会导致 SignalTapII 占用芯片内过量的存储资源。

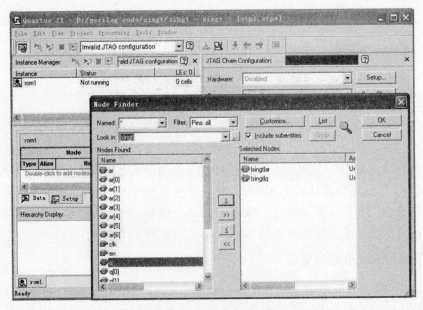

图 4-36　调入待观察信号

3. SignalTapII 的参数设置

单击窗口左下角的 Setup 选项卡，进行 SignalTapII 的参数设置，如图 4-37 所示，依次选择工作时钟、采样深度和触发条件。注意，采样深度一旦确定，待测信号的每一位都获得同样的采样深度，会占用相当多的 FPGA 片内存储资源。必须根据待测信号的采样要求、总的信号数量，以及本工程可能占用片内存储资源的规模，综合确定采样深度，以免发生存储单元不够用的情况。

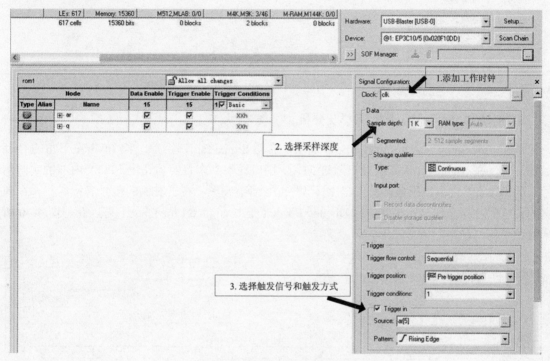

图 4-37　SignalTapII 参数设置

4. 保存文件，添加到工程，编译下载

参数设置好之后，保存文件。选择 File→ Save As 命令，输入 SignalTapII 文件名为 stp1.stp（默认的文件名和后缀），单击"保存"后会出现一个提示，是否将此 SignalTapII 文件添加到当前工程。选择"是"表示同意再次编译时将此 SignalTapII 文件与当前工程捆绑在一起综合、适配，以便一同被下载到 FPGA 芯片中去完成实施测试任务。如果选择"否"，则必须自己去设置，方法是选择 Assignments→Settings 命令，在 Category 栏中选择 SignalTapII Logic Analyzer，即图 4-38 所示的窗口。在此窗口的 SignalTapII Filename 栏中选中已经存盘的 SignalTapII 文件名，如 stp1.stp，并选中 Enable SignalTapII Logic Analyzer 复选框，单击"OK"按钮即可。注意，当利用 SignalTapII 测试结束后，不要忘了将 SignalTapII 的部件从芯片中去除，方法是在图 4-38 所示窗口中取消选中的 Enable SignalTapII Logic Analyzer 复选框，再编译、编程一次即可。

SignalTapII 文件设置好并添加到当前工程后，再次启动全程编译，然后将包含了 SignalTapII 文件的工程下载进 FPGA 芯片中。硬件设置 rst=0，cnt_en=1，即不复位，地址发生器有效计数。

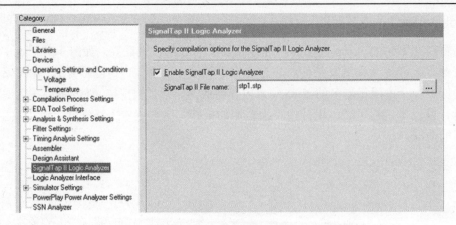

图 4-38　选择或删除 SignalTapII 文件加入综合编译

5. 启动 SignalTapII，数据采样及分析

选择 Processing→ Autorun Analysis 选项，启动 SignalTapII 连续采样。单击左下角的 Data 标签，可以在 SignalTapII 数据窗口通过 JTAG 接口观察到来自实验箱上 FPGA 内部的实时信号，如图 4-39 所示。用鼠标的左/右键可以放大/缩小波形。右击左侧的信号名称一栏，在弹出的菜单中选择总线显示模式 Bus Display Format 为 Unsigned Line Chart，可以获得图 4-40 所示的图形化"模拟"信号波形。

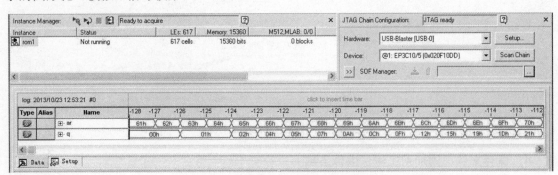

图 4-39　启动 SignalTapII 进行数据采样

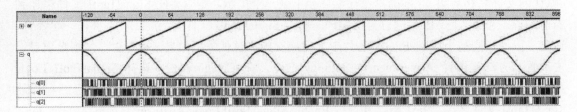

图 4-40　SignalTapII 采样到的波形显示图

图 4-40 中，ar 对应的数据是计数器输出的地址值，它是锯齿波；q 对应的数据是来自 LPM_ROM 中的正弦波数据。本设计中对一个周期的正弦波信号进行 128 点采样，SignalTapII 的采样深度设为 1K，即一次采样可以获得 1024/128=8 个周期的正弦波信号。采样点越多，则输出波形的失真度越小，但是采样点越多，存储正弦波表值所需的空间就越大，因此需要综合考虑。

在实际应用中，SignalTapII 一般采用独立的采样时钟，这样能采集到被测系统中的慢速信号，或与系统时钟相关的信号。

4.6　在系统存储器数据读写编辑器应用

对 Cyclone/II/III 等系列的 FPGA，只要对存储器模块进行适当设置，就能利用 Quartus II 的在系统读写编辑器（In-System Memory Content Editor）直接通过 JTAG 口读取或修改 FPGA 中工作状态存储器内的数据，读取过程不影响 FPGA 的正常工作。下面介绍在系统存储器数据读写编辑器的使用方法，仍以正弦波信号发生器为例。

1. 打开在系统存储单元编辑窗

使计算机与 EDA 开发板上 FPGA 的 JTAG 口处于正常连接状态，选择 Tool→In-System Memory Content Editor 选项，弹出图 4-41 所示的编辑窗口。单击右上角的"Setup"按钮，在 Hardware Setup 对话框中选择 USB-Blaster，注意此时开发板应处于上电工作状态。

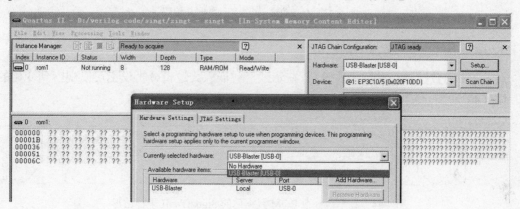

图 4-41　In-System Memory Content Editor 编辑窗

2. 在系统读取 ROM 数据

鼠标右击左上角的元件名 rom1（此名称正是图 4-27 所示窗口设置的 ID 名），将弹出图 4-42 所示的快捷菜单，选择 Read Data from In-System Memory 选项，会出现图 4-43 所示的数据，这些数据是系统工作情况下通过 FPGA 的 JTAG 口从其内部 ROM 中读出来的波形数据，它们应该和 LPM_ROM 初始化文件的数据完全相同。

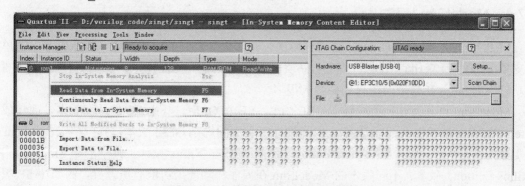

图 4-42　在系统读取存储器中的数据

3. 在系统写数据至 ROM

写数据的方法和读数据类似，改写存储器数据后（这里我们将前面 7 个八位数据改写为 11），鼠标右击元件名，在弹出的菜单中选择 Write Data to In-System Memory 命令，如图 4-43 所示，即可把修改后的数据通过 JTAG 口下载到 FPGA 中的 ROM 里。

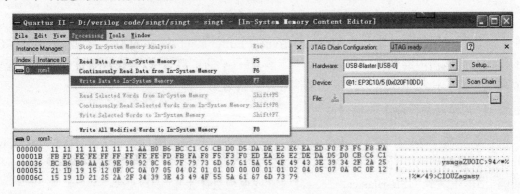

图 4-43　从 ROM 读取波形数据并编辑

4. 观察 ROM 修改数据后的波形

对 ROM 的数据进行在系统编辑后，在示波器或嵌入式逻辑分析仪上可以观察到变化的波形。图 4-44 是 SignalTapII 在此时的实时波形。

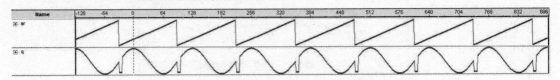

图 4-44　在系统修改 ROM 数据后的 SignalTapII 采样波形

4.7　Modsim 使用介绍

由于 Quartus II 10.0 以上版本不再自带波形仿真工具，需要使用第三方的仿真软件。另一方面，虽然 Quartus II 9.1 之前的版本（包括 9.1 版本）支持波形仿真，但要求设计者自行输入激励信号，有些情况下费时费力且容易出错。本节简单介绍目前主流的仿真工具 ModelSim。

4.7.1　ModelSim 概述

ModelSim 是 Mentor Graphic 公司开发的，它能提供友好的仿真环境，实业界唯一的单内核支持 VHDL 和 Verilog HDL 程序混合仿真的仿真器，是 FPGA/ASIC 设计的首选仿真软件，其功能比 Quartus II 自带的仿真器要强大很多。

ModelSim 可分为几种不同版本：SE、PE、LE 和 OEM。其中 SE 是最高版本，而集成在 Altera、Xilinx 以及 Lattice 等 FPGA 厂商设计工具中的均是 OEM 版本，其中集成在 Altera 设计工具中的是 ModelSim AE（Altera Edition）版本，集成在 Xilinx 设计工具中的是 ModelSim XE（Xilinx Edition）版本。不同版本的 ModelSim 在界面和功能上可能有所差异，例如在 SE 版本中仿真速度大大高于 OEM 版本，并且支持 PC、UNIX、Linux 混合平台。

ModelSim 仿真软件具有以下特点：

- 能够跨平台、跨版本仿真；
- 全面支持系统级描述语言，如 SystemC、System Verilog；
- 支持 VHDL 和 Verilog HDL 程序的混合仿真；
- 集成了性能分析、波形比较、代码覆盖、虚拟对象（Virtual Object）、Memory 窗口和源码窗口显示信号值、信号条件断点等众多调试功能。

我们使用的 ModelSim AE 的版本为 6.5b，该版本支持所有的 Altera 器件，提供行为级和门级仿真。至于更深入的介绍，请读者参阅 ModelSim 帮助文档。

4.7.2　ModelSim 设计实例

下面以 4.2.2 节中的一位半加器（h_adder）为例介绍 ModelSim 的使用方法和设计流程。我们已经在 Quartus II 中创建了一位半加器的工程，并完成了设计输入、编译等步骤，接下来在 ModelSim 中对其进行仿真。

1. 选择 ModelSim 仿真器

在 Quartus II 中使用 ModelSim 进行仿真需要进行一些设置。可以在创建工程时选择，新建工程对话框第 4 页，在 "Simulation" 中选择仿真工具为 ModelSim-Altera，并选择对应语言，如图 4-45 所示。

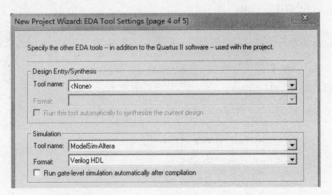

图 4-45　QuartusII 创建工程时选择 ModelSim 仿真

工程创建好后也可以选择 ModelSim 仿真器，方法是：单击 Quartus II 菜单命令 Assignments →EDA Tool Settings，在弹出的对话框中选择 ModelSim-Altera，如图 4-46 所示，仿真时间单位也可以设置，图中是 1ps。

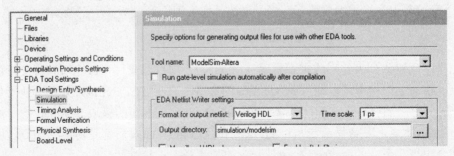

图 4-46　工程创建好之后选择 ModelSim 仿真

2. 启动 ModelSim 仿真器

接下来启动 ModelSim 仿真器，有 RTL 仿真和门级仿真两种，即功能仿真和时序仿真。下面主要介绍 RTL 仿真，门级仿真操作相同。注意，门级仿真会尽量模拟真实情况，所以时钟周期不能大于芯片支持的最大频率。

我们调用 ModelSim 进行 RTL 级仿真，即功能仿真，在 Quartus II 中选择菜单命令 Tools →Run EDA Simulation Tool→EDA RTL Simulation，启动 ModelSim 进行 RTL 级仿真，如图 4-47 所示。

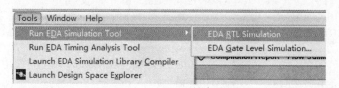

图 4-47　启动 ModelSim 仿真器

ModelSim 工作界面见图 4-48，它是 ModelSim 的主窗口（Main Windows），主要由下列几部分构成。

- 工具栏，位于上方；
- 工作区（Workspace），位于中间；
- 命令窗口（Transcript），位于下方。

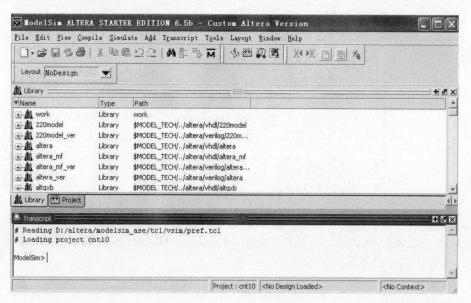

图 4-48　ModelSim 工作界面

在工作区用树状列表的形式来观察库（Library）、项目源文件（Project）和设计仿真结构（sim）等。在命令窗口中可以输入 ModelSim 的命令（基于 TCL Script）并获得执行信息。

Library 中有一个 work 工程，包含了我们在 Quartus II 里写的模块 h_adder。

ModelSim 本质上是依靠命令执行的，我们所看到的界面背后都是对应的命令，所有执行的命令都会出现在下方的命令窗口，#号开头的是注释，不执行。

3．添加观察信号

首先选择待仿真的设计文件，单击 ModelSim 窗口中的菜单命令 Simulate→Start Simulation，在弹出的窗口"Design"页中选择 work 下的 h_adder 模块，如图 4-49 所示，单击"OK"按钮。

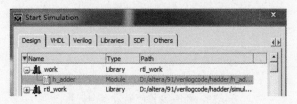

图 4-49　选择待仿真的设计文件

这样会弹出多个窗口，包括波形（Wave）窗口、对象（Objects）窗口和 Processes（进程）窗口等。Objects 窗口中显示了模块的全部输入/输出信号，如图 4-50 所示。全部选中后右键单击 Add→To Wave→Selected Signals，将需要观察的信号添加到波形（Wave）窗口。

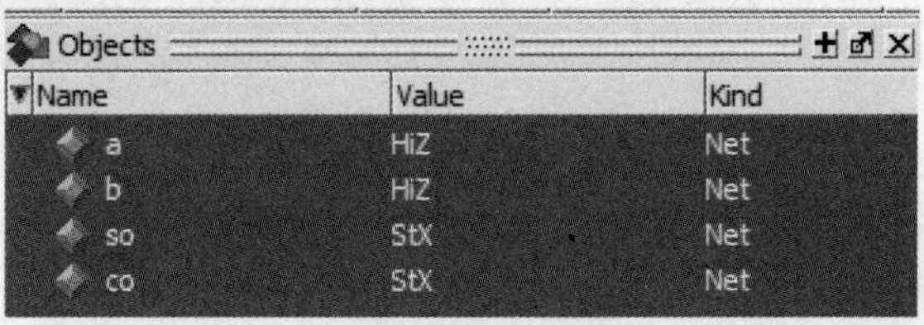

图 4-50　Objects 窗口

4．输入激励信号，仿真

激励信号可以手动添加，也可以通过调用脚本文件输入，下面分别予以介绍。

首先介绍手动添加激励信号，在待添加信号上右键单击，弹出菜单，单击 Force，对信号赋一个不变的值，如图 4-51 所示。在命令窗口可以看到，赋值命令被执行了，即增加了一条命令 force -freeze sim:/h_adder/b HiZ 0。

也可以单击 Clock，在 Period 周期一栏中修改数值，这里单位为 ps，如图 4-52 所示。

激励设置完毕，在命令窗口中输入 run 命令，进行仿真。单独的 run 命令代表执行 100ps 的仿真；输入 run 1000，可以进行 1000ps 的仿真。在命令窗口可以看到，我们刚才进行的所有操作都通过命令执行，见图 4-53。

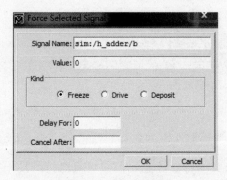

图 4-51　Force 对话框

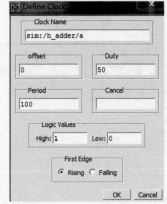

图 4-52　Clock 对话框

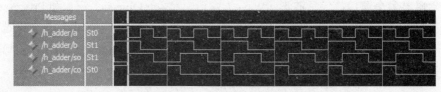

图 4-53　所有操作都通过命令行执行

仿真结果如图 4-54 所示。

图 4-54　ModelSim 仿真结果

也可以将执行过的命令保存成脚本文件，单击命令窗口，执行 File→Save Transcript As，在弹出的对话框中选择好工程路径中的仿真文件夹（simulation），并将文件保存为 h_adder.do 文件。

重置仿真实验，在 ModelSim 工具栏中，单击菜单命令 Simulate→Run→Restart，弹出图 4-55 所示对话框，单击"OK"按钮，将重置所有信号。

重置后，在命令窗口输入：source　h_adder.do（刚才保存的脚本文件名），将会得到跟图 4-54 相同的仿真结果。功能仿真结束，退出 ModelSim。

如果我们在 ModelSim 中进行门级仿真，即时序仿真。首先要选择目标器件的芯片类型，在 Quartus II 中完全综合（Processing→Start Complilation）一次。选择菜单命令 Tools→Run EDA Simulation Tool→EDA Gate Level Simulation，启动 ModelSim 门级仿真。因为涉及到了具体器件的参数，因此要添加对应的库。单击 ModelSim 窗口中的菜单命令 Simulate→Start Simulation，在"Libraries"页中依次添加 altera.ver 和 cycloneiii.ver，如图 4-56 所示。

图 4-55　重置 ModelSim 仿真　　　　　　　　　图 4-56　门级仿真中添加库文件

除了设置的周期数外，后面的操作和功能仿真一样。注意，门级仿真时钟周期不能大于芯片支持的最大频率，一般为 100MHz，即周期要大于 10000ps。

第 5 章　Verilog HDL 语言

5.1　概　　述

硬件描述语言（Hardware Description Language，HDL）是一种用形式化方法来描述数字电路和系统的语言，它可用一系列分层次的模块来表示复杂的数字系统，从上到下逐层描述，并逐层进行验证仿真。再把具体的模块由综合工具转化成门级网表，接下来利用布局布线工具把网表转化为具体电路结构的实现。现在，这种自顶向下的设计方法已被广泛使用。HDL语言具有以下主要特征：

- HDL 语言既包含一些高级程序设计语言的结构形式，同时也兼顾描述硬件线路连接的具体结构。
- HDL 语言采用自顶向下的设计方法，通过使用分层的行为描述，可以在不同的抽象层次描述设计。
- HDL 语言是并行处理的，具有同一时刻执行多任务的能力，这和一般的高级设计语言（如 C 语言）的串行执行是不同的。
- HDL 语言具有时序的概念，为了描述这一特征，需要引入时延的概念，因此它不仅可以描述硬件电路的功能，还可以描述电路的时序。

Verilog HDL 和 VHDL 是目前最流行的两种 HDL 语言，均为 IEEE 标准，被广泛应用于基于可编程逻辑器件（Programmable Logic Device, PLD）的项目开发中。与 VHDL 相比，Verilog HDL 的部分语法参照 C 语言语法（但与 C 有本质区别），因此具有 C 语言的优点。从表述形式上来看，Verilog HDL 程序代码简明扼要，使用灵活，且语法规定不是很严谨，很容易上手。Verilog HDL 程序具有很强的电路描述和建模能力，能从多个层次对数字系统进行建模和描述，从而大大简化了硬件设计任务，提高了设计效率和可靠性。Verilog HDL 程序在语言易读性、层次化和结构化设计方面表现出了强大的生命力和应用潜力，在全球范围内用户覆盖率一直处于上升趋势。因此，本书以 Verilog HDL 作为基本硬件描述语言来介绍 EDA 技术及其实践。

5.2　Verilog HDL 基本结构

用 Verilog HDL 描述的电路设计就是该电路的 Verilog HDL 模型，也称为模块（module），是 Verilog HDL 程序的基本描述单位。用模块描述某个设计的功能或结构，以及与其他模块通信的外部接口。一般来说，一个文件就是一个模块，但也有例外。一个 Verilog HDL 程序模块的基本架构如下：

module 模块名（模块端口名表）；

　　模块端口和模块描述

endmodule

下面以一个简单的例子加以说明。例 5-1 用 Verilog HDL 语言描述一个图 5-1 所示的上升沿有效 D 触发器，其中 clk 为触发器的时钟，data 和 q 分别为触发器的输入和输出。

【例 5-1】

```
module dff_pos(data,clk,q);
input data,clk;
output q;
reg q;
always @(posedge clk)
    q=data;
endmodule
```

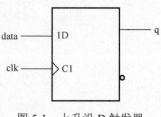

图 5-1　上升沿 D 触发器

结合上例，一个完整的 Verilog HDL 模块由以下 5 部分组成。

1．模块定义

模块定义用来声明电路设计模块名及其输入/输出端口，格式如下：

module 模块名（端口 1，端口 2，端口 3，…）；

当无端口名列表时，括号可以省去。上例中，模块名为 dff_pos，并定义了 3 个端口名 data、clk 和 q。这些端口名等价于硬件中的外接引脚，模块通过这些端口与外接发生联系。

2．端口类型说明

端口类型说明用来声明模块定义中各端口数据的流动方向，Verilog HDL 端口类型只有输入（input）、输出（output）和双向端口（inout）3 种。端口类型说明格式如下：

input 端口 1，端口 2，端口 3，…； 　//声明输入端口

output 端口 1，端口 2，端口 3，…； 　//声明输出端口

凡是出现在端口名列表中的端口，都必须显示说明其端口类型。上例中，data 和 clk 为输入端，q 为输出端。

3．数据类型说明

用来声明设计电路的功能描述中所用的信号的数据类型。Verilog HDL 支持的数据类型有连线类型和寄存器类型两个大类，每个大类又细分为多种具体的数据类型，除了一位宽的 wire 类可被缺省外，其他凡将在后面的描述中出现的变量都应给出相应的数据类型说明。

上例中，q 是 reg 类型，data 和 clk 没有给出相应的数据类型说明，因而它们都缺省为一位位宽的 wire 类型。由于 q 被定义为 reg 类型，因而可以被接下来的过程赋值语句赋值。reg 类型的行为方式与 C 语言中的一般变量相似，在接受下一次过程赋值语句前，它将保持原值不变；在硬件上，其行为特征类似于一个寄存器，因而称之为 reg 类。

4．描述体部分

描述体部分是 Verilog HDL 程序设计中最主要的部分，用来描述设计模块的内部结构和模块端口间的逻辑关系，在电路上相当于器件的内部电路结构。描述体部分可以用 assign 语句、元件例化（instantiate）方式、always 块语句、initial 块语句等方法来实现，通常把确定这些设计模块描述的方法称为建模。

（1）assign 语句建模。

assign 语句在 Verilog HDL 中称为连续赋值语句，用于逻辑门和组合逻辑电路的描述，它的格式为：

assign 赋值变量=表达式;

例如，具有 a、b、c、d 4 个输入和 y 为输出的与非门的连续赋值语句为：

assign y=~（a&b&c&d);

连续赋值语句"="号两边的变量都应该是 wire 型变量。在执行中，输出 y 的变化跟随输入 a、b、c、d 的变化而变化，反映了信息传送的连续性。

（2）元件例化（instantiate）方式建模。

元件例化方式建模是利用 Verilog HDL 提供的元件库实现的。例如，用与门例化元件定义一个三输入与门可以写为：

and myand3(y,a,b,c);

其中，and 是 Verilog HDL 元件库中的与门元件名，myand3 是例化出的三输入与门名，y 是与门的输出端，a、b、c 是输入端。

（3）always 块语句建模。

always 是一个过程语句，常用于时序逻辑的功能描述，它的格式为：

always @（敏感信号及敏感信号列表或表达式）

　　　包括块语句的各类顺序语句

一个程序设计模块中，可以包含一个或多个 always 语句。程序运行时，当敏感信号列表中的事件发生时，将执行一遍后面的块语句中所包含的各条语句，因此敏感信号列表中列出的事件又称为过程的触发条件或激活条件。块语句通常由 begin-end 或 fork-join 所界定，前者为串行块，块中的各条语句按串行方式顺序执行；后者为并行块，块中的语句按并行方式同时执行。

上例中只有一条语句 q=data，串行块标识符 begin-end 可被省略。

always 过程语句在本质上是一个循环语句，每当触发条件被满足时，过程就重新被执行一次。如果没有给出敏感信号列表，即没有给出触发条件，则相当于触发条件一直被满足，循环就将无休止地执行下去。

（4）用 initial 块语句建模。

initial 也是一个过程语句，它与 always 语句类似，但 initial 语句不带触发条件，它只在程序开始时执行一次。

5．结束行

结束行就是用关键词 endmodule 标志模块定义的结束，注意它的后面没有分号。

用 Verilog HDL 进行描述后，整个电子系统就由这样的 module 模块所组成，一个模块可以大到代表一个完整系统，也可以小到仅仅代表一个最基本的逻辑单元。从模块外部加以考察，一个模块由模块名以及相应的端口特征所唯一确定。模块内部的具体行为的描述并不会影响该模块与外部之间的连接关系。一个 Verilog HDL 程序模块可以被任意多个其他模块所调用。但由于 Verilog HDL 所描述的是具体的硬件电路，一个模块代表具有特定功能的一个电路块，每当它被某个其他模块调用一次时，则在该模块内部，被调用的电路块将被原原本本地复制一次。

5.3 Verilog HDL 的描述方式

Verilog HDL 具有行为描述和结构描述功能。行为描述是对设计电路的逻辑功能的描述，并不用关心设计电路使用哪些元件以及这些元件之间的连接关系。行为描述属于高层次的描述方法，在 Veirlog HDL 中，行为描述包括系统级（System Level）、算法级（Algorithm Level）、和寄存器传输级（Register Transfer Level，RTL）等 3 种抽象级别。

结构描述是对设计电路的结构进行描述，即描述电路使用的元件以及这些元件之间的连接关系。结构描述属于低层次的描述方法，在 Verilog HDL 中，结构描述包括门级（Gate Level）和开关级（Switch Level）两种抽象级别。

1. Verilog HDL 行为描述

Verilog HDL 行为描述是最能体现 EDA 风格的硬件描述方式，它和其他软件编程语言类似，通过行为语句来描述电路要实现的功能，表示输入与输出间的转换，不涉及具体结构。

下面以图 5-2 所示的 2 选 1 数据选择器为例，它的 Verilog HDL 行为描述程序模块如下。

【例 5-2】

```
module mux_beh(out,a,b,sel);
    output out;
    input a,b,sel;
    assign out=(sel= =0)?a:b;
endmodule
```

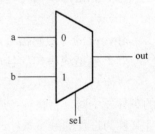

图 5-2　2 选 1 数据选择器

行为描述中，用连续赋值语句 assign 实现了在 sel 的控制下，输出信号 out 与输入信号 a、b 之间的硬件连接关系，每当 sel、a、b 三个信号有任何变化时，都将被随时反映到输出端 out 信号上来。

2. Verilog HDL 结构描述

结构描述是将硬件电路描述成一个分级子模块互连的结构。通过对组成电路的各个子模块间互相连接关系的描述来说明电路的组成。在结构描述中，门和 MOS 开关是电路最底层的结构。在 Verilog HDL 中定义了 26 个基本单元，又称基元，见表 5-1。

表 5-1　Verilog HDL 中的基元

基元分类	基元
多输入门	and, nand, or, nor, xor, xnor
多输出门	buf, not
三态门	bufif0, bufif1, notif0, notif1
上拉、下拉电阻	pullup, pulldown
MOS 开关	coms, nmos, pmos, rcmos, rnmos, rpmos
双向开关	tran, tranif0, tranif1, rtran, rtranif0, rtranif1

仍以 2 选 1 数据选择器为例，它的 Verilog HDL 结构描述程序模块见例 5-3。

【例 5-3】

```
module mux_str(out,a,b,sel);
```

```
            output out;
            input a,b,sel;
            wire net1,net2,net3;
            not gate1(net1,sel);
            and gate2(net2,a,net1);
            and gate3(net3,b,sel);
            or gate4(out,net2,net3);
    endmodule;
```

对结构描述模块来说，建议将它的 Verilog HDL 描述与图 2-3 所示的逻辑图加以对照。

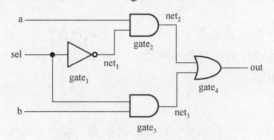

图 5-3　2 选 1 数据选择器逻辑图

可以发现，结构描述只是忠实地将图形方式的逻辑连接关系转变为相应的文字表达而已。在对每一个逻辑电路进行结构描述前，先给电路中的每个元件取一个名字，并以同样的方式给每条内部连线也取相应的名字，然后再依据逻辑图中的连接关系，确定各单元端口间的信号连接，完成描述的全过程。

5.4　Verilog HDL 基本词法

Verilog HDL 的词法符号包括空白符、注释、操作符、常数、字符串、标识符和关键字。

1. 空白符和注释

Verilog HDL 语言的空白符包括空格、TAB 键、换行符及换页符，空白符起到分隔符的作用。

Verilog HDL 语言中，注释的定义与 C 语言完全一致，分单行注释与多行注释两类。单行注释以 "//" 开始到行末结束，不允许续行；多行注释以 "/*" 开始，到 "*/" 结束，可以跨越多行，但不允许嵌套。

2. 常数

在 Verilog HDL 中，常数包括数字、未知值 x 和高阻值 z 三种。数字可以用二进制、八进制、十进制和十六进制等 4 种不同的数字来表示，完整的数字格式为：

<位宽>'<进制符号><数字>

其中，位宽表示数字对应二进制数的位数宽度；进制符号 b 或 B 表示二进制数，d 或 D 表示十进制数，o 或 O 表示八进制数，h 或 H 表示十六进制数。十进制输的位宽和进制符号可以默认。例如：

　　8b'10110001　　　　　　//表示位宽为 8 位的二进制数 10110001

```
8h'f5                    //表示位宽为 8 位的十六进制数 f5
125                      //表示十进制数 125
```

另外，用 x 和 z 分别表示未知值和高阻值，它们可以出现在除十进制数以外的数字形式中。x 和 z 的位数由所在的数字格式决定，在二进制中，一个 x 或 z 表示 1 位未知位或 1 位高阻位；在八进制中，一个 x 或 z 表示 3 位未知位或 3 位高阻位；在十六进制中，一个 x 或 z 表示 4 位未知位或 4 位高阻位。例如：

```
8b'1111xxxx              //等价于 8h'fx
```

3．字符串

字符串是用双引号""括起来的字符序列，它必须包含在同一行中，不能多行书写。在表达式或赋值语句中作为操作数的字符串被看作 ASCII 值序列，即一个字符串中的每一个字符对应一个 8 位的 ASCII 值。

4．标识符

标识符是用户编程时为常量、变量、模块、寄存器、端口、连线、示例和 begin-end 块等元素定义的名称。标识符可以是字母、数字和下画线（_）等符号组成的任意序列。定义标识符时应遵循以下规则：

- 首字符不能是数字；
- 字符数不能多于 1024 个；
- 大小写字母是不同的；
- 不要与关键字同名。

5．关键字

Verilog HDL 语言内部已经使用的词称为关键字，用户应避免使用。所有的关键字都是小写的。表 5-2 给出了 Verilog HDL 关键字的清单。

表 5-2　Verilog HDL 关键字

always	case	edge	endtask	highz1	large
and	casex	else	event	if	macromodule
assign	casez	end	for	ifnone	nand
attribute	cmos	endattribute	force	initial	negedge
begin	deassign	endmodule	forever	inout	nmos
buf	default	endprimitive	fork	input	nor
bufif0	defparam	endspecify	function	integer	not
bufif1	disable	endtable	highz0	join	notif0
notif1	pulldown	rtranif0	strong1	tri1	weak1
or	pullup	rtranif1	supply0	triand	while
output	rcmos	scalared	supply1	trior	wire
parameter	reg	signed	table	trireg	wor
pmos	release	small	task	unsigned	xnor
posedge	repeat	specify	tranif0	vectored	
primitive	rnmos	specparam	tranif1	wait	
pull0	rpmos	strength	tri	wand	
pull1	rtran	strong0	tri0	weak0	

6. 操作符

操作符又称运算符，按照操作数的个数，可以分为一元、二元和三元操作符；按功能可以大致分为算术操作符、逻辑操作符、比较操作符等几大类。Verilog HDL 操作符及说明见表 5-3。

表 5-3　Verilog HDL 操作符及说明

分类	操作符及功能		简要说明
算术 操作符	+	加	二元操作符，即有两个操作数。操作数可以是物理数据类型，也可以是抽象数据类型
	−	减	
	*	乘	
	/	除	
	%	求余	
比较 操作符	>	大于	二元操作符，如果操作数之间的关系成立，返回值为 1；否则返回值为 0。若某一个操作数的值不定，则关系是模糊的，返回值是不定值 x
	<	小于	
	>=	大于等于	
	<=	小于等于	
	==	等于	
	!=	不等于	
	===	全等	
	!==	不全等	
逻辑 操作符	&&	逻辑与	&&和||为二元操作符；!为一元操作符，即只有一个操作数
	||	逻辑或	
	!	逻辑非	
位 操作符	~	按位取反	"~"是一元操作符，其余都是二元操作符。将操作数按位进行逻辑运算
	&	按位与	
			按位或	
	^	按位异或	
	^~(~^)	按位同或	
缩位 操作符	&	缩位与	一元操作符，对操作数各位的值进行运算。如 "&" 是对操作数各位的值进行逻辑与运算，得到一个一位的结果值
	~&	缩位与非	
			缩位或	
	~|	缩位或非	
	^	缩位异或	
	^~(~^)	缩位同或	
移位 操作符	>>	右移	二元操作符，对左侧的操作数进行其右侧操作数指明的位数的移位，空出的位用 0 补全
	<<	左移	
条件操作符	?:		三元操作符，如：a?b:c，若第一个操作数 a 为逻辑 1，则返回第二个操作数 b，否则返回第三个操作数 c
连接和复制符	{,}		将两个或两个以上用逗号分隔的表达式并置连接在一起

操作符的优先级如表 5-4 所示，表中顶部的操作符优先级最高，底部的最低，列在同一行的操作符优先级相同。所有的操作符（除 "?:" 外）在表达式中都是从左向右结合的。可以通过括号来改变优先级，并使运算顺序更清晰。

表 5-4　操作符的优先级

优先级序号	操作符	操作符名称
1	!、~	逻辑非、按位取反
2	*、/、%	乘、除、求余
3	+、−	加、减

优先级序号	操作符	操作符名称
4	<<、>>	左移、右移
5	<、<=、>、>=	小于、小于等于、大于、大于等于
6	==、!=、===、!==	等于、不等于、全等、不全等
7	&、~&	缩位与、缩位与非
8	^、^~	缩位异或、缩位同或
9	|、~|	缩位或、缩位或非
10	&&	逻辑与
11	||	逻辑或
12	?:	条件操作符

5.5　Verilog HDL 数据对象

Verilog HDL 程序数据对象包括常量和变量。

1．常量

常量是一个恒定不变的数，一般在程序前面定义。常量定义的格式为：

parameter　常量名 1=表达式 1，常量名 2=表达式 2，…，常量名 *n*=表达式 *n*；

其中，parameter 是常量定义关键字，常量名是用户定义的标识符，表达式是为常量赋的值。

2．变量

变量是在程序运行时其值可以改变的量。在 Verilog HDL 中，变量分为连线类型（Net-type）和寄存器类型（Register-type）两种。

（1）连线类型。

连线类型对应的是电路中的物理信号连接，对它的驱动有两种方式：一种方式是结构描述中把它连接到一个门或模块的输出端；另一种方式是用连续赋值语句 assign 对其进行赋值。由于 assign 语句在物理上等同于信号之间的实际连接，因而该语句不能出现在过程语句（initial 或 always）中后面的过程块语句中。连线类型没有电荷保持作用（trireg 除外），当没有被驱动时，它将处在高阻态 z（对应于 trireg 为 x 态）。

连线型变量的输出值始终根据输入的变化而更新，它一般用来定义硬件电路中的各种物理连线。表 5-5 给出了 Verilog HDL 提供的连线类型及其功能。

表 5-5　连线类型及其功能

连线类型	功能说明
wire,tri	标准连线（缺省为该类型）
wor,trior	具有线或特性的连线
wand,triand	具有线与特性的连线
trireg	具有电荷保持特性的连线
tir1,tri0	上拉电阻（pullup）和下拉电阻（pulldown）
supply0,supply1	电源（逻辑 1）和地（逻辑 0）

wire 是最常用的连线型变量。在 Verilog HDL 模块中，输入/输出信号类型缺省时自动定义为 1 位宽的 wire 型。对综合而言，wire 型变量的取值可以是 0、1、x 和 z。wire 型变量的定义格式如下：

wire 变量名 1，变量名 2，…，变量名 *n*；

例如：

```
wire a,b,c;          //定义了 3 个 wire 型的变量，位宽均为 1 位，可缺省
wire[7,0] databus;   //定义了 1 个 wire 型的变量，位宽均为 8 位
```

（2）寄存器类型。

寄存器类型对应的是具有状态保持作用的硬件电路元件，如触发器、锁存器等。寄存器类型的驱动可以通过过程赋值语句实现，过程赋值语句类似于 C 语言中的变量赋值语句，在接受下一次的过程赋值之前，将保持原值不变。过程赋值语句只能出现在过程语句（initial 或 always）中后面的过程块语句中。当寄存器类型没有被赋值前，它将处于不定态 x。

在 Verilog HDL 中，有 4 种寄存器类的数据类型，见表 5-6。

表 5-6　寄存器类型及其说明

寄存器类型	功能说明
reg	用于行为描述中对寄存器类的说明，由过程赋值语句赋值
integer	32 位带符号整型变量
real	64 位浮点、双精度、带符号实型变量
time	64 位无符号时间变量

integer、real 和 time 等 3 种寄存器类型变量都是纯数学的抽象描述，不对应任何具体的硬件电路，但它们可以描述与模拟有关的计算。例如，可以利用 time 型变量控制经过特定的时间后执行赋值。

reg 型变量是最常用的寄存器型变量，常用于具体的硬件描述，它的定义格式如下：

reg 变量名 1，变量名 2，…，变量名 *n*；

例如：

```
reg a,b,c;        //定义了 3 个 reg 型的变量 a，b，c，位宽均为 1 位
reg[7:0] data;    //定义了 1 个 reg 型的变量，位宽为 8 位
```

位宽为 1 的变量称为标量，位宽超过 1 位的变量称为矢量。

5.6　Verilog HDL 基本语句

Verilog HDL 的语句包括块语句、赋值语句、条件语句和循环语句等。在这些语句中，有些属于顺序执行语句，有些属于并行执行语句。

5.6.1　块语句

块语句通常用来将两条或多条语句组合在一起。块语句有两种，一种是 begin-end 语句，通常用来标识顺序执行的语句，用它来表示的块称为顺序块；一种是 fork-join 语句，通常用

来标识并序执行的语句，用它来表示的块称为并行块。当块语句中只包含一条语句时，块标识符 begin-end 和 fork-join 可以省略。

1．顺序块

顺序块具有以下特点：
- 块内的语句是按顺序执行的，即只有上面一条语句执行完后下面的语句才能执行。
- 每条语句的延迟时间是相对于前一条语句的仿真时间而言的。
- 直到最后一条语句执行完，程序流程控制才跳出该语句块。

顺序块的格式如下：

begin 　　　　　　　　 或 　　　　　　 **begin：块名**
　　语句 **1**；　　　　　　　　　　　　　　　　块内声明语句
　　语句 **2**；　　　　　　　　　　　　　　　　语句 **1**；
　　⋮　　　　　　　　　　　　　　　　　　　　语句 **2**；
　　语句 ***n***；　　　　　　　　　　　　　　　⋮
end　　　　　　　　　　　　　　　　　　　语句 ***n***；
　　　　　　　　　　　　　　　　　　　　　　end

其中：
- 块名即该块的名字，是一个标识符，其作用在后面再详细介绍。
- 块内声明语句可以是参数声明语句、reg/integer/real 型变量声明语句。

【例 5-4】

```
begin
    areg=breg;
    #10 creg=areg;        //creg 的值为 breg 的值
                          //在两条赋值语句间延迟 10 个单位时间
end
```

例：

```
parameter d=50;          //声明 d 是一个参数
reg[7:0]    r;           //声明 r 是一个 8 位的寄存器变量
begin                    //由一系列延迟产生的波形
    #d   r='h35;
    #d   r='hE2;
    #d   r='h00;
    #d   r='hF7;
    #d   ->end_wave;     //触发事件 end_wave
end
```

这个例子用顺序块和延迟控制组合来产生一个时序波形。

2．并行块

并行块具有以下特点：
- 块内语句是同时执行的，即程序流程控制一进入到该并行块，块内语句开始同时并行地执行。

- 块内每条语句的延迟时间是相对于程序流程控制进入到块内的仿真时间的。
- 延迟时间是用来给赋值语句提供执行时序的。
- 当按时间时序排序在最后的语句执行完后，或一个 disable 语句执行时，程序流程控制跳出该程序块。

并行块的格式如下：

fork	或	**fork：块名**
语句 1；		块内声明语句
语句 2；		语句 1；
⋮		语句 2；
语句 *n*；		⋮
join		语句 *n*；
		join

其中：

- 块名即标识该块的一个名字，相当于一个标识符。
- 块内声明语句可以是参数声明语句、reg/integer/real 型变量声明语句或事件（event）声明语句。

【例 5-5】

```
fork
    #50     r='h35;
    #100    r='hE2;
    #150    r='h00;
    #200    r='hF7;
    #250    ->end_wave;
join
```

在这个例子中用并行块代替了前面例子中的顺序块来产生波形，用这两种方法生成的波形是一样的。

3. 块名

在 Verilog HDL 中，可以给每个块取一个名字，只需将名字加在关键词 begin 或 fork 后面即可。这样做的原因有以下几点：

- 可以在块内定义局部变量，即只在块内使用的变量。
- 可以允许块被其他语句调用，如 disable 语句。
- 在 Verilog HDL 程序语言里，所有的变量都是静态的，即所有的变量都只有一个唯一的存储地址，因此进入或跳出块并不影响存储在变量内的值。

基于以上原因，块名就提供了一个在任何仿真时刻确认变量值的方法。

5.6.2　赋值语句

在 Verilog HDL 中，赋值语句常用于描述硬件设计电路输出与输入之间的信息传送。Verilog HDL 有过程赋值、连续赋值和基本门单元赋值。

1. 过程赋值语句

Verilog HDL 对模块的行为描述由一个或多个并行运行的过程块组成，而位于过程块中的赋值语句称为过程赋值语句。过程赋值语句只能对寄存器类的变量进行赋值。

过程赋值语句出现在 initial 和 always 块语句中，过程赋值语句有两种赋值方式：阻塞型过程赋值与非阻塞型过程赋值。

（1）阻塞型过程赋值。

阻塞型过程赋值语句的赋值符号是"="，语句格式为：

赋值变量=表达式；

阻塞型赋值语句的值在该语句结束时就可以得到，如果一个顺序块中包含若干条阻塞型过程赋值语句，那么这些赋值语句是按照语句在程序中的顺序由上至下一条一条执行的，前面的语句没有完成，后边的语句就不能执行，就如同被阻塞了一样。

（2）非阻塞型过程赋值。

非阻塞型过程赋值语句的赋值符号是"<="，语句格式为：

赋值变量<=表达式；

非阻塞型赋值语句的值不是在该语句结束时得到，而是在该块语句结束后才能得到。在一个顺序块中，一条非阻塞语句的执行并不会影响块中其他语句的执行。当一个顺序块中的语句全部由非阻塞型赋值语句构成时，这个顺序块的执行与并行块是完全一致的。

通过下面两个例子可以比较一下这两种赋值语句。

【例 5-6】	【例 5-7】　　　　　　　　b
```always @(posedge clk) begin b=a; c=b; end```	```always @(posedge clk) begin b<=a; c<=b; end```

例 2-6 中 always 块用了阻塞型赋值语句，在 clk 上升沿时，b 马上取 a 的值，c 马上取 b 的值，所以该例的综合结果如图 5-4 所示。

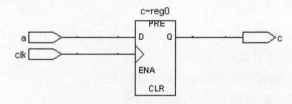

图 5-4　例 5-6 阻塞型赋值语句综合结果

例 5-7 中 always 块用了非阻塞型赋值语句，两条赋值语句在顺序块结束语句 end 处同时完成，它的综合结果如图 5-5 所示。

2. 连续赋值语句

Verilog HDL 中的赋值语句主要有两类，一类是上面介绍的过程赋值语句，另一类就是连续赋值语句，它们之间的主要差别如下。

（1）赋值对象不同。

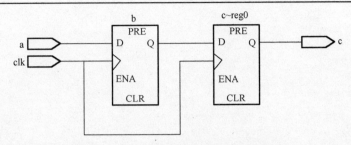

图 5-5　例 5-7 非阻塞型赋值语句综合结果

连续赋值语句用于对连线类变量的赋值，过程赋值语句完成对寄存器类变量的赋值。

（2）赋值过程实现方式不同。

连线类变量一旦被连续赋值语句赋值后，赋值语句右端表达式中的信号有任何变化，都将随时反映到左端的连线变量中；过程赋值语句只有在语句被执行到时赋值过程才进行一次，且赋值过程的具体执行时刻还受到定时控制及延时模式等多方面因素的影响。

（3）语句出现位置不同。

连续赋值语句不能出现在任何一个过程块中；过程赋值语句则只能出现在过程块中。

（4）语句结构不同。

连续赋值语句的格式为：assign 赋值变量=表达式；语句中的赋值算符只有阻塞型一种形式；过程赋值语句不需要相应的先导关键词，语句中的赋值算符有阻塞型和非阻塞型两类。

（5）冲突处理方式不同。

一条连线可被多条连续赋值语句同时驱动，最后的结果依据连线类型的不同有相应的冲突处理方式；寄存器变量在同一时刻只允许一条过程赋值语句对其进行赋值。

3. 基本门单元赋值

基本门单元赋值语句的格式为：

基本逻辑门关键字（门输出，门输入 1，门输入 2，…，门输入 n）;

其中，基本门逻辑关键字是 Verilog HDL 预定义的逻辑门，包括 and、or、not、xor、nand 和 nor 等。

例如，具有 a、b、c、d 四个输入和输出 y 的与非门的基本门单元赋值语句为：

```
nand(y,a,b,c,d);          //该语句与 assign y=～(a&b&c&d)等效
```

5.6.3　条件语句

条件语句包含 if 语句和 case 语句，它们都是顺序语句。

1. if 语句

在 Verilog HDL 中，完整的 if 语句结构如下：

if（表达式）

　　begin

　　　　语句；

　　end

else if　（表达式）

```
    begin
        语句;
    end
else
    begin
        语句;
    end
```

根据需要，if 语句可以写为另外两种变化形式：

① if（表达式）

```
    begin
        语句;
    end
```

② if（表达式）

```
    begin
        语句;
    end
else
    begin
        语句;
    end
```

在 if 语句中，"表达式"一般为逻辑表达式或关系表达式，也可以是位宽为 1 位的变量。系统对表达式的值进行判断，若为 0、x、z，则按"假"处理；若为 1，则按"真"处理，执行相应的语句。语句可以是多句，多句是用"begin-end"语句括起来；也可以是单句，单句的"begin-end"可以省略。对于 if 嵌套语句，如果不清楚 if 和 else 的匹配，最好用"begin-end"语句括起来。

if 语句在程序中用来改变控制流程。

举例：用 if 语句设计 8-3 线优先编码器。8-3 线优先编码器功能表如表 5-7 所示。

表 5-7　8-3 线优先编码器功能表

输入								输出		
din7	din6	din5	din4	din3	din2	din1	din0	dout2	dout1	dout0
0	x	x	x	x	x	x	x	1	1	1
1	0	x	x	x	x	x	x	1	1	0
1	1	0	x	x	x	x	x	1	0	1
1	1	1	0	x	x	x	x	1	0	0
1	1	1	1	0	x	x	x	0	1	1
1	1	1	1	1	0	x	x	0	1	0
1	1	1	1	1	1	0	x	0	0	1
1	1	1	1	1	1	1	0	0	0	0

Verilog HDL 代码如下。

【例 5-8】

```
module encode8_3(y,a);
input[7:0] din;
output[2:0] dout;
reg[2:0]    y;
always @(a)
    begin
        if (~din [7])      dout <=3'b111;
        else if (~din [6]) dout <=3'b110;
        else if (~din [5]) dout <=3'b101;
        else if (~din [4]) dout <=3'b100;
        else if (~din [3]) dout <=3'b011;
        else if (~din [2]) dout <=3'b010;
        else if (~din [1]) dout <=3'b001;
        else               dout <=3'b000;
    end
endmodule
```

2. case 语句

case 语句是一种多分支的条件语句，完整的 case 语句的格式为：

case（表达式）

  选择值 1：   语句 1；

  选择值 2：   语句 2；

   ⋮

  选择值 *n*：   语句 *n*；

  default：   语句 *n*+1；

endcase

执行 case 语句时，首先计算表达式的值，然后执行在条件句中找到的与"选择值"相同的分支，执行后面的语句。当表达式的值与所有分支中的"选择值"不同时，执行"default"后的语句，"default"语句如果不需要则可以省略。

case 语句多用于数字系统中的译码器、数据选择器、状态机及微处理器的指令译码器等电路的描述。

举例：用 case 语句设计一个四选一的数据选择器。

四选一数据选择器的逻辑符号如图 5-6 所示，其逻辑功能表如表 5-8 所示。它的功能是：在控制输入信号 s1 和 s2 的控制下，从输入数据信号 a、b、c、d 中选择一个传送到输出 out。

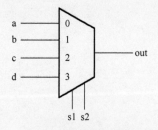

图 5-6　四选一数据选择器逻辑符号

表 5-8　数据选择器逻辑功能表

s2	s1	out
0	0	a
0	1	b
1	0	c
1	1	d

s2 和 s1 有 4 种组合值，可以用 case 语句实现其功能。四选一数据选择器 Verilog HDL 代码如下。

【例 5-9】

```verilog
module mux41(out,a,b,c,d,s1,s2);
input s1,s2;
input a,b,c,d;
output out;
reg out;
always @ (s1 or s2)
    begin
        case ({s2,s1})
            2'b00:          out=a;
            2'b01:          out=b;
            2'b10:          out=c;
            2'b11:          out=d;
        endcase
    end
endmodule
```

5.6.4　循环语句

循环语句包括 for 语句、repeat 语句、while 语句和 forever 语句。

1．for 语句

for 语句的语法格式为：

for（循环指针=初值；循环指针<终值；循环指针=循环指针+步长）

　　begin

　　　　语句；

　　end

举例：用 for 语句描述 8 位奇偶校验器。a 为输入信号，它是位宽为 8 的矢量。当 a 中有奇数个 1 时，奇偶校验器输出为 1；否则为 0。它的 Verilog HDL 代码如下。

【例 5-10】

```verilog
module parityfor (a,out);
input[7:0]  a;
output out;
reg out;
integer n;
always @ (a)
    begin
        out=0;
        for (n=0;n<8;n=n+1) out=out^a[n];
    end
endmodule
```

2. repeat 语句

repeat 语句的语法格式为：

repeat （循环次数表达式） 语句；

举例：用 repeat 语句实现上例 8 位奇偶校验器，Verilog HDL 代码如下。

【例 5-11】

```
module parityrep (a,out);
parameter size=7;
input[7:0]  a;
output out;
reg out;
integer n;
always @ (a)
    begin
        out=0;
        n=0;
        repeat(size)
            begin
                out=out^a[n];
                n=n+1;
            end
    end
endmodule
```

3. while 语句

while 语句的语法格式为：

while（循环执行条件表达式）

　　begin

　　　　重复执行语句；

　　　　修改循环条件语句；

　　end

while 语句在执行时，首先判断循环执行条件表达式是否为真。若为真，则执行后面的语句；否则，不执行，即循环结束。为了使 while 语句能够结束，在循环执行的语句中必须包含一条能改变循环条件的语句。

举例：用 while 语句实现上例 8 位奇偶校验器，Verilog HDL 代码如下。

【例 5-12】

```
module paritywh (a,out);
input[7:0]  a;
output out;
reg out;
integer n;
always @ (a)
    begin
        out=0;
```

```
            n=0;
            while (n<8)
                begin
                    out=out^a[n];
                    n=n+1;
                end
        end
    endmodule
```

4. forever 语句

forever 语句的语法格式为：

forever
    begin
        语句；
    end

forever 是一种无限循环语句，它不断执行后面的语句或语句快，永远不会结束。forever 语句常用来产生周期性的波形，作为仿真激励信号。例如，产生时钟 clk 的语句为：

```
#10 forever #10 clk=!clk;
```

5.7 Verilog HDL 状态机描述

有限状态机（FSM）及其设计技术是数字系统设计中的重要组成部分，也是实现高效率、高可靠和高速控制逻辑系统的重要途径。从广义上说，任何时序模型都可以归结为一个状态机。

5.7.1 状态机的一般结构

从状态机的信号输出方式上分，有 Moore 型和 Mealy 型两种状态机。Moore 型状态机的输出仅为当前状态的函数，Mealy 型状态机的输出是当前状态和输入信号的函数。从输出时序来看，前者属于同步状态机，而后者属于异步状态机。最常用的 Verilog HDL 程序状态机一般包括说明部分、主控时序过程、主控组合过程和辅助过程等几部分，下面分别予以说明。

1. 说明部分

包含状态变量的定义和所有可能状态的说明，必要时还要确定每一状态的编码形式。Verilog HDL 程序状态机的说明部分用参数说明关键词 parameter 来定义各状态，且必须写明各状态的具体取值或编码；接下来再分别定义现态/次态变量：current_state/next_state。例如：

```
parameter [1:0] s0=0,s1=1,s2=2,s3=3;
reg [1:0] current_state,next_state;
```

2. 主控时序过程

负责状态机运转和在时钟驱动下状态的转换过程，一般设计比较固定、单一和简单。

3. 主控组合过程

主控组合过程又称为状态译码过程，根据外部输入信号和当前状态确定下一状态和输出信号的取向，一般用 case 语句描述。

4. 辅助过程

用于配合状态机工作的组合或时序过程，如输出数据锁存。

图 5-7 是有限状态机的一般结构图。REG 过程即主控时序过程，在时钟 clk 和控制信号（如复位信号 reset）的作用下，不断地将现态 current_state 更新为次态 next_state。COM 过程是主控组合过程，次态 next_state 和输出 com_outputs 都是现态 current_state 及输入信号 state_inputs 的函数。

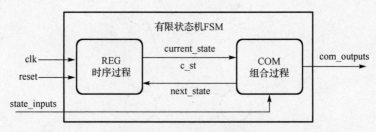

图 5-7　有限状态机一般结构图

5.7.2　Moore 型状态机设计

下面以简单的模四可逆计数器为例来介绍 Verilog HDL 程序状态机。

【例 5-13】　模四可逆计数器 Verilog HDL 程序状态机描述

```
module fsm_cnt4(clk,rstn,dir,sout);
    input clk,rstn,dir;                    //dir=1,加法计数;否则减法计数
    output[1:0] sout;                      //计数器输出
    reg[1:0] sout;

    parameter s0=0,s1=1,s2=2,s3=3;         //设定 4 个状态参数
    reg[1:0] current_state,next_state;     //设定现态和次态变量

    always @(posedge clk or negedge rstn)  //主控时序进程
        if (!rstn)
            current_state<=s0;
        else current_state<=next_state;
    always @(current_state or dir)         //主控组合过程
        case (current_state)
            s0: begin    sout<=0;
                    if (dir) next_state<=s1;else next_state<=s3;
                 end
            s1: begin    sout<=1;
                    if (dir) next_state<=s2;else next_state<=s0;
                 end
            s2: begin    sout<=2;
```

```
                    if (dir) next_state<=s3;else next_state<=s1;
                end
        s3: begin    sout<=3;
                    if (dir) next_state<=s0;else next_state<=s2;
                end
        default: begin sout<=0;next_state<=s0; end
    endcase
endmodule
```

可以看到状态机的输出 sout 只与状态有关，这是一个 Moore 状态机，状态转换图如图 5-8 所示，仿真波形如图 5-9 所示。

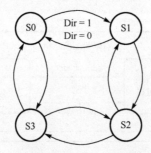

图 5-8　例 5-13 状态转换图

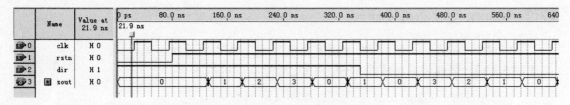

图 5-9　例 5-13 仿真波形图

5.7.3　Mealy 型状态机设计

若给上例增加一个进位/借位输出标志，Verilog HDL 程序状态机可以如下描述。

【例 5-14】

```
module fsm_cnt4_mealy(clk,rstn,dir,sout,cout);
    input clk,rstn,dir;                         //dir=1,加法计数;否则减法计数
    output[1:0] sout;                           //计数器状态及标志位输出
    output cout;
    reg cout;
    reg [1:0] sout;
    parameter s0=0,s1=1,s2=2,s3=3;              //设定 4 个状态参数
    reg[1:0] current_state,next_state;          //设定现态和次态变量

    always @(posedge clk or negedge rstn)       //主控时序进程
        if (!rstn)
            current_state<=s0;
        else current_state<=next_state;
```

```
    always @(current_state or dir)                    //主控组合过程
        case (current_state)
            s0: begin   sout<=0;
                        if (dir) begin next_state<=s1;cout<=0; end
                        else begin next_state<=s3; cout<=1; end
                end
            s1: begin sout<=1;cout<=0;
                        if (dir) next_state<=s2;else next_state<=s0;
                    end
            s2: begin sout<=2;cout<=0;
                        if (dir) next_state<=s3;else next_state<=s1;
                    end
            s3: begin sout<=3;
                        if (dir) begin next_state<=s0;cout<=1; end
                        else begin next_state<=s2;cout<=0; end
                    end
            default: begin sout<=0;cout<=0;next_state<=s0; end
        endcase
    endmodule
```

输出信号 cout 是进位/借位标志，加法计数器计至 3 时进位输出标志为 1，减法计数器计至 0 时借位输出标志为 1。cout 不仅与状态有关，还与输入计数方向控制信号 dir 有关，因此这是一个 Mealy 型状态机，仿真波形见图 5-10。

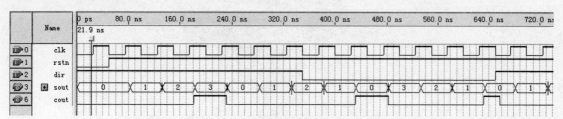

图 5-10　例 5-14 仿真波形图

第6章　基于FPGA的数字系统课程设计

本章给出了一些基于FPGA数字系统课程设计的实例，具有一定的实用性和代表性。前5个实例提供了详细的设计原理、设计方案及完整的设计代码，供读者参考；后面的实例只列出了设计内容和要求，供读者自主设计。

6.1　交通灯控制电路的设计

1．设计要求

设计一个十字路口交通灯控制电路，如图6-1所示，A通道和B通道各设绿（G）、黄（Y）、左转（L）和红灯（R）4盏指示灯，并能将各盏灯亮的时间以倒计时形式用数码管显示出来。

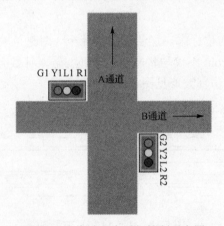

图6-1　十字路口交通灯控制示意图

2．设计实现

1）控制模块

设A通道是主干道，车流量大，通行时间应比B通道的长。每个通道4种灯依次按以下顺序点亮，并不断循环：绿灯→黄灯→左转灯→黄灯→红灯。

每个通道采用一个同步置数的减法计数器进行计时，并将当前亮灯剩余时间用数码管显示。只需修改预置数据，就能改变计数器的模值。为了便于显示灯亮的时间，采用BCD码减法计数器，预置数与计数器输出均为BCD码。

本设计中A通道绿、黄、左转、红灯亮的时间分别是40s、5s、15s和65s，B通道绿、黄、左转、红灯亮的时间分别是30s、5s、15s和55s。交通灯控制模块状态转换表见表6-1，A通道和B通道的绿、黄、左转和红灯分别用G1、Y1、L1、R1和G2、Y2、L2、R2表示，其中1表示灯亮、0表示灯灭。表中还列出了本例中每个状态的持续时间，若要改变这些时间，只需改变计数器的预置数。

表 6-1　交通灯控制模块状态转换表

持续时间 (s)	A 通道				B 通道			
	绿灯 (G1)	黄灯 (Y1)	左转灯 (L1)	红灯 (R1)	绿灯 (G2)	黄灯 (Y2)	左转灯 (L2)	红灯 (R2)
40	1	0	0	0	0	0	0	1
5	0	1	0	0	0	0	0	1
15	0	0	1	0	0	0	0	1
5	0	1	0	0	0	0	0	1
30	0	0	0	1	1	0	0	0
5	0	0	0	1	0	1	0	0
15	0	0	0	1	0	0	1	0
5	0	0	0	1	0	1	0	0

例 6-1 是交通灯控制模块的源代码，该模块端口信号定义及说明如下。

CLK:　　　系统时钟；

EN:　　　　使能信号，"1"有效；EN=0 时，A、B 通道均为红灯；

LAMPA:　A 通道 4 盏灯，LAMPA3～LAMPA0 分别对应绿、黄、左转和红灯；

LAMPB:　B 通道 4 盏灯，LAMPB3～LAMPB0 分别对应绿、黄、左转和红灯；

ACOUNT:　A 通道灯亮剩余时间显示，两位 BCD 码，可驱动两个数码管；

BCOUNT:　B 通道灯亮剩余时间显示，两位 BCD 码，可驱动两个数码管。

【例 6-1】　交通灯控制模块 Verilog HDL 程序描述。

```verilog
module traffic(CLK,EN,LAMPA,LAMPB,ACOUNT,BCOUNT);
output[7:0] ACOUNT,BCOUNT;
output[3:0] LAMPA,LAMPB;
input CLK,EN;
reg[7:0] numa,numb;
reg tempa,tempb;
reg[2:0] counta,countb;
reg[7:0] ared,ayellow,agreen,aleft,bred,byellow,bgreen,bleft;
reg[3:0] LAMPA,LAMPB;

always @(EN)
 if(!EN)
    begin                          //设置各灯计数器的预置数，注意预置数为 BCD 码
    ared    <=8'h55;
    ayellow <=8'h5;
    agreen  <=8'h40;
    aleft   <=8'h15;
    bred    <=8'h65;
    byellow <=8'h5;
    bleft   <=8'h15;
    bgreen  <=8'h30;
    end
assign  ACOUNT=numa;
assign  BCOUNT=numb;
```

```
always @(posedge CLK)            //控制A通道4种灯
begin
    if(EN)
    begin
        if(!tempa)
        begin
            tempa<=1;
            case(counta)              //控制亮灯顺序
            0:  begin numa<=agreen; LAMPA<=8; counta<=1; end
            1:  begin numa<=ayellow;    LAMPA<=4; counta<=2; end
            2:  begin numa<=aleft;      LAMPA<=2; counta<=3; end
            3:  begin numa<=ayellow;    LAMPA<=4; counta<=4; end
            4:  begin numa<=ared;       LAMPA<=1; counta<=0; end
            default:            LAMPA<=1;
            endcase
        end
        else  begin                   //BCD码计数器，A通道亮灯倒计时
            if(numa>1)
                if(numa[3:0]==0) begin
                    numa[3:0]<=4'b1001;
                    numa[7:4]<=numa[7:4]-1;
                end
            else numa[3:0]<=numa[3:0]-1;
            if (numa==2)  tempa<=0;
            end
        end
    else    begin
    LAMPA<=4'b0001;
    counta<=0;  tempa<=0;
    end
end

always @(posedge CLK)             //控制B通道4种灯
begin
    if (EN)
    begin
        if(!tempb)
        begin
            tempb<=1;
            case (countb)
            0:  begin numb<=bred;       LAMPB<=1; countb<=1; end
            1:  begin numb<=bgreen; LAMPB<=8; countb<=2; end
            2:  begin numb<=byellow;    LAMPB<=4; countb<=3; end
            3:  begin numb<=bleft;      LAMPB<=2; countb<=4; end
            4:  begin numb<=byellow;    LAMPB<=4; countb<=0; end
            default:            LAMPB<=1;
```

```
            endcase
        end
        elsebegin                    //B 通道亮灯倒计时
            if(numb>1)
                if(!numb[3:0])  begin
                    numb[3:0]<=9;
                    numb[7:4]<=numb[7:4]-1;
                end
            else    numb[3:0]<=numb[3:0]-1;
            if(numb==2)  tempb<=0;
        end
    end
      else    begin
        LAMPB<=4'b0001;
        tempb<=0;    countb<=0;
    end
    end
    endmodule
```

交通灯控制模块仿真波形见图 6-2，可以看到，EN=0 时，A、B 两个通道都亮红灯；EN=1
时，两通道 4 种灯按合理顺序亮灭，并不断循环。

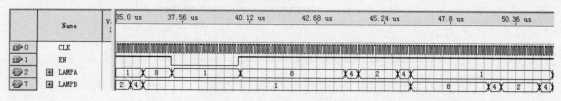

图 6-2　交通灯控制模块仿真波形

2）数码管译码显示模块

数码管是目前最常用的显示器件之一，它由 8 个发光二极管构成，分别对应七位段码（g～
a）及一位小数点（h）。LED 数码管分为共阴极和共阳极两种，图 6-3 是共阴极数码管的结构
图，8 个发光二极管的阴极连接在一起作为公共端，公共端接地。如果是共阳极数码管，发光
二极管的阳极连在一起接高电平。

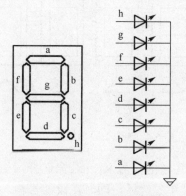

图 6-3　共阴极数码管结构图

　　一个数码管可以显示 4 位二进制数，即一个十六进制数。用 EDA 方法实现数码管译码显示模块，只需将数码管的七位段码 g～a 分别接可编程逻辑器件的相应引脚。对共阴极数码管而言，若某一段为高电平，则相应的发光二极管导通，数码管对应的段将被点亮。十六进制数转化成数码管显示的译码电路真值表见表 6-2，这里没有考虑小数点段 h。

表 6-2　十六进制七段数码管译码器真值表

输入码	输出码（gfedcba）	显示值
0000	0111111	0
0001	0000110	1
0010	1011011	2
0011	1001111	3
0100	1100110	4
0101	1101101	5
0110	1111101	6
0111	0000111	7
1000	1111111	8
1001	1101111	9
1010	1110111	A
1011	1111100	b
1100	0111001	C
1101	1011110	d
1110	1111001	E
1111	1110001	F

　　数码管有两种显示方式：静态显示和动态显示。静态显示中，数码管的 8 个段选信号都必须接一个 8 位数据线来保持显示的字形。当送入一次数据后，显示可一直保持，直到送入新的数据为止。其优点是占用时间少，便于控制显示；缺点是占用 I/O 口资源多，对于 N 个数码管，需要 $8N$ 个 I/O 口。

　　动态显示也叫扫描显示，将所有数码管八段的同名端分别连在一起，另外为每个数码管的公共端增加选通控制端，被选通的数码管显示数据，其余关闭。8 位数码管扫描显示电路如图 6-4 所示。

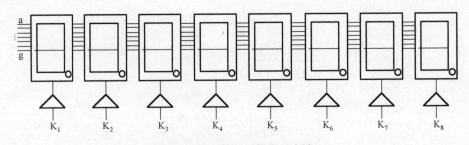

图 6-4　8 位数码扫描显示电路

　　图 6-4 中，8 个数码管分别由选通信号 K_1～K_8 来选择，如果要在 8 个数码管上显示希望的数据，必须使选通信号分别被单独选通，同时在段信号输入端加上希望在对应数码管上显示的数据。实际上，各位数码管并非同时点亮，但只要扫描速度足够快，利用发光二极管的

余辉和人眼的视觉暂留作用，可以使人感觉各位数码管同时在显示，这就是数码管的动态显示。动态显示的亮度比静态显示差一些，但能节省大量 I/O 口，功耗更低。

本设计中，数码管采用静态显示，计数器的输出结果分别驱动不同的数码管。数码管显示译码模块的 Verilog HDL 程序描述见例 6-2。

【例 6-2】　数码管显示译码模块。

```verilog
module decl7s(a,decl7s);
    input [3:0] a;
    output [6:0] decl7s;
    reg [6:0] decl7s;
always @(a)
    case (a)
        //g f e d c b a
        0: decl7s=7'b0111111;
        1: decl7s=7'b0000110;
        2: decl7s=7'b1011011;
        3: decl7s=7'b1001111;
        4: decl7s=7'b1100110;
        5: decl7s=7'b1101101;
        6: decl7s=7'b1111101;
        7: decl7s=7'b0000111;
        8: decl7s=7'b1111111;
        9: decl7s=7'b1101111;
        10:decl7s=7'b1110111;
        11:decl7s=7'b1111100;
        12:decl7s=7'b0111001;
        13:decl7s=7'b1011110;
        14:decl7s=7'b1111001;
        15:decl7s=7'b1110001;
    endcase
endmodule
```

例 6-2 的仿真结果见图 6-5，为了便于观察，七段数码管输出段码采用十六进制表示。

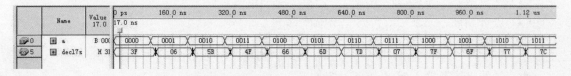

图 6-5　数码管显示译码模块仿真结果

3）交通灯顶层设计

控制模块中，A、B 两通道输出 ACOUNT 和 BCOUNT 分别驱动两个数码管，LEDA_L、LEDA_H 显示 A 通道指示灯倒计时时间的个位和十位，LEDB_L、LEDB_H 显示 B 通道指示灯倒计时时间的个位和十位。交通灯控制器顶层文件采用原理图设计方法，如图 6-6 所示。

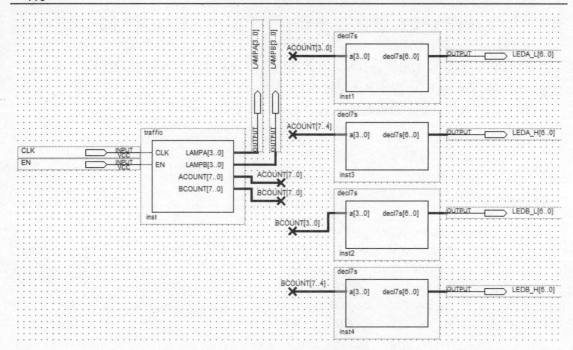

图 6-6　交通灯控制电路顶层设计

3．设计扩展

设计一个更为复杂的交通灯控制器，十字路口两通道均设置左转、右转和直行的红/绿/黄灯，且人行道也设置红/绿/黄灯。路口和人行道各灯灯亮时间分别用数码管显示。

6.2　多功能数字钟设计

1．设计要求

设计一个实用的多功能数字钟，具有以下功能：
（1）计时功能，包括时、分、秒的计时；
（2）校时功能：能手动调整时、分、秒，以校准时间；
（3）整点报时功能：每逢整点产生四短一长的报时音；
（4）闹钟功能：在设定的时间发出闹铃音。

2．设计实现

数字钟的框图及输入/输出控件见图 6-7。
各控件及接口信号定义如下。

● hour，min，sec：时、分、秒计数器输出信号，均采用 BCD 码计数器，驱动数码管显示时间。

● mode：功能控制按键，按下后以三种模式循环——0：计时，1：闹钟，2：校时。

● turn：校时功能按键，手动校时的时候，选择调整的是小时还是分钟；若长时间按下该键，可使秒信号清零，用于精确校时。

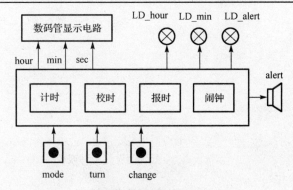

图 6-7　数字钟框图

- change：闹钟、校时模式下的时间调整按键，每按一次，计数器加 1；如果长按，则连续快速加 1，用于快速校时和定时。
- alert：输出到扬声器信号，闹钟铃音为持续 20 秒急促的滴滴声；整点报时音为"滴滴滴滴嘟"四短一长声。
- LD_hour,LD_min：时间设置指示灯，分别指示当前调整的是小时还是分钟信号。
- LD_alert：闹钟指示灯，指示是否设置闹钟。

例 6-3 是数字钟的源代码。

【例 6-3】　多功能数字钟 Verilog HDL 程序描述。

```verilog
module clock (clk,clk_1k,mode,change,turn,alert,hour,min,sec,
              LD_alert,LD_hour,LD_min);
    input clk,clk_1k,mode,change,turn;  //clk:系统时钟,本例为4Hz
                                        //clk_1k:闹钟、整点报时音频信号,1kHz
    output alert,LD_alert,LD_hour,LD_min;
    output[7:0] hour,min,sec;

    reg[7:0] hour,min,sec,hour1,min1,sec1,ahour,amin;
    reg[1:0] m,fm,num1,num2,num3,num4;
    reg[1:0] loop1,loop2,loop3,loop4,sound;
    reg LD_hour,LD_min;
    reg clk_1Hz,clk_2Hz,minclk,hclk;
    reg alert1,alert2,ear;
    reg count1,count2,counta,countb;
    wire ct1,ct2,cta,ctb,m_clk,h_clk;

always @(posedge clk)               //ear:控制整点报时铃音的秒脉冲,占空比1/4
    begin   clk_2Hz<=~clk_2Hz;
            if(sound==3)   begin sound<=0; ear<=1;  end
            else  begin sound<=sound+1; ear<=0;  end
    end

always @(posedge clk_2Hz)           //产生1Hz信号
    clk_1Hz<=~clk_1Hz;
```

```
always @(posedge mode)              //mode 信号控制系统在三种模式间转换
    begin if(m==2)  m<=0;
            else  m<=m+1;
    end


always @(posedge turn)
    fm<=~fm;
always                              //产生 count1、count2、counta、countb 四个信号
                                    //分别为设置闹钟或校时模式下，时、分调整信号
begin   case(m)
        2:  begin                   //校时模式
            if(fm)
                begin   count1<=change; {LD_min,LD_hour}<=2; end
                else begin  counta<=change;  {LD_min,LD_hour}<=1;  end
                {count2,countb}<=0;
            end
        1:  begin                   //闹钟模式
            if(fm)
                begin   count2<=change;  {LD_min,LD_hour}<=2; end
                else begin  countb<=change; {LD_min,LD_hour}<=1;  end
                {count1,counta}<=2'b00;
            end
        default: {count1,count2,counta,countb,LD_min,LD_hour}<=0;
        endcase
 end


always @(negedge clk)   //设置闹钟模式下，检测分调整时 change 键是否长按；
                        //若长按，有 num1=1，加速分定时
    if(count2)  begin
        if(loop1==3) num1<=1;
        else begin loop1<=loop1+1; num1<=0; end end
    else  begin  loop1<=0;  num1<=0;  end


always @(negedge clk)   //设置闹钟模式下，检测时调整时 change 键是否长按；
                        //若长按，有 num2=1，加速时定时
    if(countb)  begin
        if(loop2==3)  num2<=1;
        else begin  loop2<=loop2+1; num2<=0; end end
    else  begin  loop2<=0;  num2<=0;  end


always @(negedge clk)   //校时模式下，检测校分时 change 键是否长按；
                        //若长按，有 num3=1，加速分校时
    if(count1)  begin
        if(loop3==3)  num3<=1;
        else begin  loop3<=loop3+1;  num3<=0; end end
    else  begin  loop3<=0;  num3<=0;  end
```

```
always @(negedge clk)    //校时模式下，检测校时时 change 键是否长按；
                         //若长按，有 num4=1，加速时校时
    if(counta)  begin
        if(loop4==3) num4<=1;
        else begin  loop4<=loop4+1; num4<=0; end end
    else  begin  loop4<=0;  num4<=0;  end

assign ct1=(num3&clk)|(!num3&m_clk);
                                  //ct1：计时、校时模式中的分计数器时钟
assign ct2=(num1&clk)|(!num1&count2);
                                  //ct2：闹钟模式中调整分钟信号
assign cta=(num4&clk)|(!num4&h_clk);
                                  // cta：计时、校时模式中的小时计数器时钟
assign ctb=(num2&clk)|(!num2&countb);
                                  //ct2：闹钟模式中调整小时信号


always @(posedge clk_1Hz)   //秒计时和秒校时
                         //若长时间按下 turn 键，秒信号清零，用于精确校时
    if(!(sec1^8'h59)|turn&(!m))
        begin sec1<=0; if(!(turn&(!m)))  minclk<=1;end
    else  begin
        if(sec1[3:0]==4'b1001)
            begin sec1[3:0]<=4'b0000; sec1[7:4]<=sec1[7:4]+1; end
        else  sec1[3:0]<=sec1[3:0]+1;
        minclk<=0; end


assign m_clk=minclk||count1;


always @(posedge ct1)         //分计时和分校时
    if(min1==8'h59)
        begin min1<=0;  hclk<=1;  end
    else begin
        if(min1[3:0]==9)
            begin  min1[3:0]<=0;  min1[7:4]<=min1[7:4]+1;  end
        else  min1[3:0]<=min1[3:0]+1;
        hclk<=0;end


assign h_clk=hclk||counta;


always @(posedge cta)        //小时计时和小时校时
    if(hour1==8'h23) hour1<=0;
    else    if(hour1[3:0]==9)
            begin hour1[7:4]<=hour1[7:4]+1;  hour1[3:0]<=0;  end
            else  hour1[3:0]<=hour1[3:0]+1;


always @(posedge ct2)          //闹钟模式下，分定时
    if(amin==8'h59)  amin<=0;
```

```
        else if(amin[3:0]==9)
            begin  amin[3:0]<=0;  amin[7:4]<=amin[7:4]+1;  end
        else  amin[3:0]<=amin[3:0]+1;

    always @(posedge ctb)          //闹钟模式下, 小时定时
        if(ahour==8'h23)  ahour<=0;
        else if(ahour[3:0]==9)
            begin  ahour[3:0]<=0;  ahour[7:4]<=ahour[7:4]+1;  end
        else  ahour[3:0]<=ahour[3:0]+1;

    always        //产生 20s 闹钟铃声 alert1, 若按住"change"键不放, 可屏蔽闹铃音
        if((min1==amin)&&(hour1==ahour)&&(amin|ahour)&&(!change))
            if(sec1<8'h20)  alert1<=1;
            else  alert1<=0;
        else  alert1<=0;
    always             //时、分、秒显示数值, 均为 BCD 码, 后接数码管驱动模块
        case(m)        //数字钟三种模式——0: 计时, 1: 闹钟, 2: 校时
        3'b00:  begin  hour<=hour1;  min<=min1;  sec<=sec1;  end
        3'b01:  begin  hour<=ahour;  min<=amin;  sec<=8'hzz;  end
        3'b10:  begin  hour<=hour1;  min<=min1;  sec<=8'hzz;  end
        endcase

    assign  LD_alert=(ahour|amin)?1:0;                  //指示是否设置闹钟
    assign  alert=((alert1)?clk_1k&clk:0)|alert2;       //产生整点报时或闹铃音

    always                                   //产生整点报时铃声 alert2
        if((min1==8'h59)&&(sec1>8'h54)||(!(min1|sec1)))
            if(sec1>8'h54)  alert2<=ear&clk_1k;          //四声短音
            else  alert2<=!ear&clk_1k;                   //一声长音
        else  alert2<=0;

endmodule
```

3. 设计扩展

在该设计的基础上进一步增加功能, 例如增加日历功能, 能显示年、月、日等; 另外还可以增加秒表功能, 使之能对百分秒进行计数。

6.3　乐曲演奏电路设计

1. 设计要求

设计一个具有弹奏和自动播放功能的乐曲演奏电路, 用户可以根据需要进行选择。即实现一个简易的八音符电子琴, 八个按键作为电子琴按键输入, 分别对应中音的 Do、Re、Mi、Fa、Sol、La、Si 和高音的 Do, 可以进行乐曲弹奏; 另外, 用户可将编制的乐曲存入电子琴, 自动播放存入的乐曲。

2．设计实现

1）乐曲演奏的原理

乐曲演奏的两个基本参数是音调和音长。频率的高低决定音调，持续的时间决定音长。只要控制输出到扬声器单位激励信号的频率及其持续时间就能演奏出相应的乐曲。

电子琴各音阶与频率的详细对应关系可以参考图 6-8。

图 6-8　电子琴音阶基频对照图（单位 Hz）

所有不同频率的信号都是从同一基准频率分频得来的。由于音阶频率多为非整数，二分频系数又不能为小数，故必须将计算得到的分频数进行四舍五入取整，并且其基准频率和分频系数应综合考虑加以选择，从而保证音乐不会走调。

2）简易八音符电子琴设计

利用 DN3 实验板上的按键作为建议电子琴琴键，采用独立式键盘，即每个键相互独立，各自与一个 I/O 口相连，通过读取 I/O 口的高/低电平状态识别按键是否按下，四键独立式按键如图 6-9 所示。若检测到图中 I/O 口电平状态 A3A2A1A0=1101 时，可以判断 K_1 键被按下。

本设计的电子琴有 8 个按键，分别对应中音的 Do、Re、Mi、Fa、Sol、La、Si 和高音的 Do。按键检测后，不同的按键对应不同的分频预置数，采用数控分频器来实现不同音阶的频率，各音阶频率参照图 6-8。

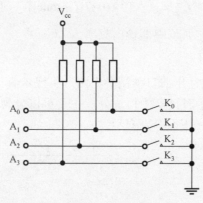

图 6-9　四键独立式按键结构图

例 6-4 是一个简易电子琴的 Verilog HDL 程序代码，系统时钟取 1MHz。按下不同的按键，蜂鸣器会发出不同的音调，同时用 8 个发光二极管指示对应的音符。

【例 6-4】　简易电子琴的 Verilog HDL 程序描述。

```
module keyplayer (clk,key,spks,led);
```

```
    input clk;                              //系统时钟 1MHz
    input [7:0] key;                        //按键输入
    output spks;                            //蜂鸣器输出
    output [7:0] led;                       //LED 输出
    reg spks,spks_r;
    reg [10:0] cnt11,tone;
    reg [7:0] key_r;
always @(posedge clk)                       //11 位可预置计数器
    if (cnt11==11'h7ff) begin cnt11=tone; spks_r<=1'b1; end
    else begin cnt11<=cnt11+1; spks_r<=1'b0; end
always @(key) begin
    key_r=key;                              //取键值
    case (key_r)                            //各音阶的分频系数
    8'b11111110: tone=11'h305;
    8'b11111101: tone=11'h390;
    8'b11111011: tone=11'h40c;
    8'b11110111: tone=11'h45c;
    8'b11101111: tone=11'h4ad;
    8'b11011111: tone=11'h50a;
    8'b10111111: tone=11'h55c;
    8'b01111111: tone=11'h582;
    default:tone=11'h7ff;
    endcase end
always @ (posedge spks_r)                   //二分频
    spks<=!spks;
    assign led=key_r;
    endmodule
```

分频预置数 tone 可由下式计算：

$$f_{spks} = f_{clk}/[2\times(0x7ff - tone)]　　　　　　　　　　　（1）$$

其中 f_{clk} 是系统时钟频率，f_{spks} 是蜂鸣器输出频率。

3）乐曲自动演奏电路设计

接下来在之前的基础上设计乐曲自动演奏电路，实现乐曲《梁祝》的演奏。乐曲自动演奏电路的框图见图 6-10。除了时钟产生模块外，主要可以分为 CNT138T、MUSIC ROM、F_CODE 和 SPKER 四个模块，下面分别介绍。

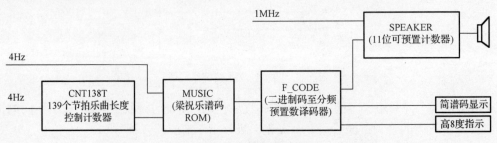

图 6-10　乐曲演奏电路框图

梁祝的乐谱码置于一个数据 ROM——MUSIC 中，ROM 的时钟为 4Hz，即每一个音符持续 0.25 秒，当全音符设置为 1 秒时，0.25 秒恰好是一个 4 分音符持续时间，也是该乐曲中的最小节拍。例如，梁祝的第一个音符为 "3"，持续四个 4 分音符，则在 ROM 的前四个地址均填入音符 "3"。

模块 CNT138T 是一个 8 位二进制计数器，作为音符数据 ROM 的地址发生器，计数时钟也为 4Hz。一曲梁祝共有 139 个音符数，CNT138T 的计数模值也设为 139，确保乐曲可以循环演奏。

音符的频率由 SPKER 模块获得，它是一个数控分频器，分频器的输出频率由分频预置数决定（同式 1）。由于分频器输出信号脉宽极窄，无法驱动蜂鸣器，需要另加一个二分频模块，输出占空比为 50% 的信号至蜂鸣器。

F_CODE 是乐曲简谱码对应的分频预置数查表电路，为 SPKER 模块提供所发音符的分频预置数，并输出简谱码显示和高 8 度指示。

乐曲演奏电路的系统时钟取 20MHz，通过嵌入式锁相环模块产生 1MHz 和 2kHz 两个时钟信号，其中 2kHz 信号通过分频器得到 4Hz 信号。乐曲演奏电路的时钟产生电路框图见图 6-11。

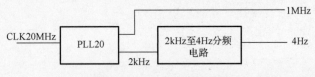

图 6-11　时钟产生电路框图

乐曲演奏电路的顶层模块图见图 6-12。各子模块代码见例 6-5～例 6-9，嵌入式锁相环模块和音符数据 ROM 分别通过参数化宏功能管理器定制，详见第 4 章 4.3 节。

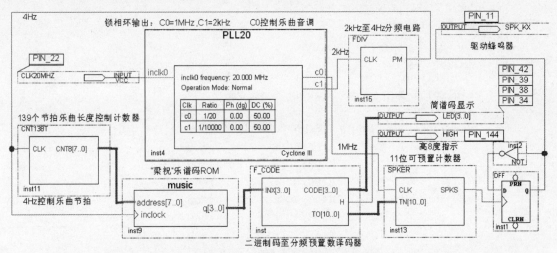

图 6-12　乐曲演奏电路顶层设计

【例 6-5】　2kHz 至 4Hz 分频电路。

```
module FDIV(CLK,PM);
    input CLK;
    output PM;
     reg [8:0] Q1;
     reg FULL;
```

```
    wire RST;
    always @(posedge CLK or posedge RST)      begin
        if(RST)
          begin Q1<=0;FULL<=1;end
        else begin Q1<=Q1+1; FULL<=0; end  end
    assign RST=(Q1==499);
    assign PM=FULL;
    assign DOUT=Q1;
endmodule
```

【例 6-6】 音符数据 ROM 地址产生模块。

```
module CNT138T (CLK, CNT8);
    input CLK;
    output[7:0] CNT8;
     reg[7:0] CNT;
     wire LD;
    always @ (posedge CLK or posedge LD) begin
        if(LD) CNT <=8'b00000000;
        else CNT<=CNT+1;          end
    assign CNT8=CNT;
    assign LD=(CNT==138);
endmodule
```

【例 6-7】 分频预置数查表电路。

```
module F_CODE (INX,CODE,H,TO);
    input[3:0] INX;
    output[3:0] CODE;
    output H;
    output[10:0] TO;
    reg[10:0] TO; reg[3:0] CODE; reg H;
    always @(INX)   begin
    case(INX)  //译码电路，查表方式，控制音调的预置
        0: begin TO<=11'H7FF;CODE<=0;H<=0;end
        1: begin TO<=11'H305;CODE<=1;H<=0;end
        2: begin TO<=11'H390;CODE<=2;H<=0;end
        3: begin TO<=11'H40C;CODE<=3;H<=0;end
        4: begin TO<=11'H45C;CODE<=4;H<=0;end
        5: begin TO<=11'H4AD;CODE<=5;H<=0;end
        6: begin TO<=11'H50A;CODE<=6;H<=0;end
        7: begin TO<=11'H55C;CODE<=7;H<=0;end
        8: begin TO<=11'H582;CODE<=1;H<=1;end
        9: begin TO<=11'H5C8;CODE<=2;H<=1;end
        10:begin TO<=11'H606;CODE<=3;H<=1;end
        11:begin TO<=11'H640;CODE<=4;H<=1;end
        12:begin TO<=11'H656;CODE<=5;H<=1;end
        13:begin TO<=11'H684;CODE<=6;H<=1;end
        14:begin TO<=11'H69A;CODE<=7;H<=1;end
```

```
        15:begin TO<=11'H6C0;CODE<=1;H<=1;end
        default : begin TO<=11'H6C0;CODE<=1;H<=1;end
    endcase end
endmodule
```

【例 6-8】 11 位可预置计数器。

```
module SPKER(CLK,TN,SPKS);
    input CLK;
    input[10:0] TN;
    output SPKS;
    reg SPKS;
    reg[10:0] CNT11;
    always @ (posedge CLK)
      begin : CNT11B_LOAD // 11 位可预置计数器
        if(CNT11==11'h7FF)
            begin CNT11=TN; SPKS<=1'b1; end
        else
            begin CNT11=CNT11+1; SPKS<=1'b0; end
    end
endmodule
```

【例 6-9】《梁祝》乐曲演奏音符数据 ROM 数据。

```
WIDTH=4;                        //位宽 4
DEPTH=256;                      //实际深度 139
ADDRESS_RADIX=DEC;              //地址数据类型：十进制
DATA_RADIX=DEC;                 //输出数据类型：十进制
CONTENT                         //注意实际文件中要展开以下数据，每一组占一行
BEGIN
00:3;01:3;02:3; 03: 3; 04: 5; 05: 5;06: 5; 07: 6; 08: 8; 09: 8;10: 8;
11: 9; 12:6;  13: 8; 14: 5; 15: 5; 16:12; 17:12; 18:12; 19:15; 20:13;
21:12; 22:10; 23:12; 24: 9; 25: 9; 26: 9; 27: 9; 28: 9; 29: 9; 30: 9;
31: 0; 32: 9; 33: 9; 34: 9; 35:10; 36: 7; 37: 7; 38: 6; 39: 6; 40: 5;
41: 5; 42: 5; 43: 6; 44: 8; 45: 8; 46: 9; 47: 9; 48: 3; 49: 3; 50: 8;
51: 8; 52: 8; 53: 5; 54: 6; 55: 8; 56: 5; 57: 5; 58: 5; 59: 5; 60: 5;
61: 5; 62: 5; 63: 5; 64:10; 65:10; 66:10; 67:12; 68: 7; 69: 7; 70: 9;
71: 9; 72: 6; 73: 8; 74: 5; 75: 5; 76: 5; 77: 5; 78: 5; 79: 5; 80: 3;
81: 5; 82: 3; 83: 3; 84: 5; 85: 6; 86: 7; 87: 9; 88: 6; 89: 6; 90: 6;
91: 6; 92: 6; 93: 6; 94: 5; 95: 6; 96: 8; 97: 8; 98: 8; 99: 9; 100:12;
101:12;102:12;103:10;104:9; 105:9; 106:10;107: 9;108: 8;109: 8;110: 6;
111: 5;112: 3;113: 3;114:3;  115:3;116: 8;117: 8;118: 8; 119: 8;120: 6;
121: 8;122: 6;123: 5;124:3; 125:5;126: 6;127: 8;128: 5;129: 5;130: 5;
131: 5;132: 5;133: 5;134:5;  135:5;136: 0;137: 0;138: 0;
END;
```

3. 设计扩展

（1）乐曲弹奏采用 4×4 矩阵键盘，并具有按键去抖功能。

（2）建立乐曲库，能自动播放多首乐曲，并能选择乐曲播放的模式。

（3）增加一到两个 RAM，用以记录弹琴时的节拍、音符和对应的分频预置数。当乐曲弹奏后，可以通过自动控制功能自动重播曾经弹奏的乐曲。

6.4　VGA 显示控制器设计

1. 设计要求

设计一个 VGA 图像显示控制器，能显示简单图像和彩条信号。

2. 设计实现

1）VGA 标准介绍

计算机显示器有许多显示标准，常见的有 VGA、SVGA 等。VGA 是 Video Graphics Adapter（Array）的缩写，即视频图形阵列，它作为一种标准显示接口得到广泛的应用。

常见的彩色显示器一般由 CRT（阴极射线管）构成，色彩由 R、G、B（红、绿、蓝）三基色组成，用逐行扫描的方式解决图像显示。阴极射线枪发出电子束打在涂有荧光粉的荧光屏上，产生 R、G、B 三基色，合成一个彩色像素。扫描从屏幕左上方开始，从左到右，从上到下进行扫描，每扫完一行，电子束都回到屏幕下一行左边的起始位置。在这期间，CRT 对电子束进行消隐，每行结束时，用行同步信号进行行同步；扫描完所有行，用场同步信号进行场同步，并使扫描回到屏幕的左上方，同时进行场消隐，预备下一场的扫描。

对 VGA 显示器，共有 5 个输出信号：R、G、B 是三基色信号，HS 是行同步信号，VS 是场同步信号。注意，这 5 个信号的时序驱动要严格遵循"VGA 工业标准"，即 640×480×60Hz 模式，否则可能会损害 VGA 显示器。图 6-13 和图 6-14 分别是行扫描、场扫描的时序图，表 6-3 和表 6-4 分别列出了它们的时序参数。

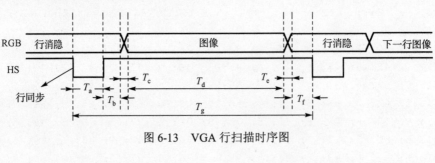

图 6-13　VGA 行扫描时序图

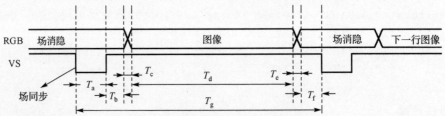

图 6-14　VGA 场扫描时序图

表 6-3　行扫描时序参数（单位：像素，即输出一个像素的时间）

对应位置	行同步头			行图像			行周期
	T_a	T_b	T_c	T_d	T_e	T_f	T_g
时间（像素）	96	40	8	640	8	8	800

表 6-4　场扫描时序参数（单位：行，即输出一行的时间）

对应位置	行同步头			行图像			行周期
	T_a	T_b	T_c	T_d	T_e	T_f	T_g
时间（行）	2	25	8	480	8	2	525

VGA 工业标准要求的频率如下：

时钟频率（Clock Frequency）　　　　　　25.175MHz（像素输出频率）

行频率（Line Frequency）　　　　　　　31469Hz

场频率（Field Frequency）　　　　　　　59.94Hz　（每秒图像刷新频率）

VGA 工业标准模式要求行同步、场同步都为负极性，即同步头脉冲要求是负脉冲。设计时要注意时序驱动及电平驱动，详细情况可参考相关资料。

2）VGA 显示控制器设计

我们用 FPGA 来实现 VGA 图像控制器，为了产生图 6-13 和图 6-14 所示的行扫描、场扫描时序，我们用两个计数器分别进行行/场扫描计数。行计数器时钟为 25MHz，场计数器时钟为行计数器计数溢出信号。计数器同时控制行、场同步信号输出，并在适当的时候送出数据，从而显示相应的图像。注意，消隐期间送出的数据应为 0x00。显示器的刷新频率为 25MHz/800/525=59.52Hz，接近 VGA 工业标准场频率 59.94Hz。

我们设三基色信号 R、G、B 为正极性信号，即高电平有效。为了节省存储空间，仅采用三位数字信号表达 R、G、B 三基色信号，因此只可显示 8 种颜色，表 6-5 是颜色对应的编码电平。

表 6-5　颜色编码表

颜色	黑	蓝	红	紫	绿	青	黄	白
R	0	0	0	0	1	1	1	1
G	0	0	1	1	0	0	1	1
B	0	1	0	1	0	1	0	1

VGA 显示控制器的 Verilog HDL 程序代码见例 6-10，这里图像数据由外部输入。

【例 6-10】　VGA 显示控制模块的 Verilog HDL 程序描述。

```
module vga_ds (clk,hs,vs,r,g,b,rgbin,dout);
    input clk;                      //工作时钟取 25MHz
    input [2:0] rgbin;              //图像数据
    output hs,vs,r,g,b;             //行、场同步信号，红、绿、蓝三基色信号
    output [11:0] dout;
    reg [9:0] hcnt,vcnt;
    reg r,g,b,hs,vs;
assign dout={vcnt[5:0],hcnt[5:0]};
always @(posedge clk)               //水平扫描计数器
    if (hcnt<800) hcnt<=hcnt+1;
```

```
        else hcnt<=10'b0;
    always @(posedge clk)                //垂直扫描计数器
        if (hcnt==640+8)
            if (vcnt<525) vcnt<=vcnt+1;
            else vcnt<=10'b0;
    always @(posedge clk)                //行同步信号产生
        if ((hcnt>=640+8+8)&&(hcnt<640+8+8+96)) hs<=1'b0;
        else hs<=1'b1;
    always @(vcnt)                        //场同步信号产生
        if ((vcnt>=480+8+2)&&(hcnt<480+8+2+2)) vs<=1'b0;
        else vs<=1'b1;
    always @(posedge clk)
        if ((hcnt<640)&&(vcnt<480))       //扫描终止
        begin r=rgbin[2]; g<=rgbin[1]; b<=rgbin[0]; end
        else begin r=1'b0; g<=1'b0; b<=1'b0; end
endmodule
```

VGA 简单图像显示控制模块的顶层设计见图 6-15。

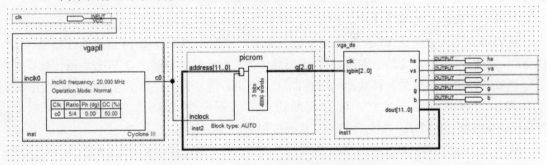

图 6-15　VGA 图像显示控制模块顶层设计

其中，锁相环模块 vgapll 输出 25MHz 时钟，picrom 是图像数据 ROM，其数据线宽为 3，分别为红、绿、蓝三基色信号。

3）VGA 彩条信号显示模块设计

例 6-11 设计了一个彩条信号发生器，它可通过外部控制产生 3 种显示模式，共 6 种显示变化，见表 6-6。

表 6-6　彩条信号发生器的 3 种显示模式

1	横彩条	1：白黄青绿紫红蓝黑	2：黑蓝红紫绿青黄白
2	竖彩条	1：白黄青绿紫红蓝黑	2：黑蓝红紫绿青黄白
3	棋盘格	1：棋盘格显示模式 1	2：棋盘格显示模式 2

控制信号 md 可接实验箱上的按键，每按一次键换一次显示模式，六次一循环，分别为：横彩条 1、横彩条 2、竖彩条 1、竖彩条 2、棋盘格 1 和棋盘格 2，可加按键去抖模块。例 6-11 中的时钟频率必须是 20MHz，如果取其他频率，必须修改代码中的分频控制。

【例 6-11】　VGA 彩条显示器的 Verilog HDL 程序描述。

```
    module vga_colorline (clk,md,hs,vs,r,g,b);
        input clk,md;                //工作时钟取 20MHz
```

```
    output hs,vs,r,g,b;                //红、绿、蓝三基色信号，行、场同步信号
    wire fclk,cclk;
    reg hs1,vs1;
    reg [1:0] mmd;
    reg [4:0] fs,cc;
    reg [8:0] ll;                      //cc:行同步，横彩条生成；ll:场同步，竖彩条生成
    reg [3:1] grbx,grby,grbp;  //grbx:横彩条；grby:竖彩条
    wire [3:1] grb;
assign grb[3]=(grbp[3]^md)&hs1&vs1;
assign grb[2]=(grbp[2]^md)&hs1&vs1;
assign grb[1]=(grbp[1]^md)&hs1&vs1;
always @ (posedge md)                      //3 种显示模式
    if (mmd==2'b10) mmd<=2'b00; else mmd<=mmd+1;
always @ (mmd)
    if (mmd==2'b00) grbp<=grbx;            //选择横彩条
    else if (mmd==2'b01) grbp<=grby;        //选择竖彩条
    else if (mmd==2'b10) grbp<=grbx^grby;    //产生棋盘格
    else grbp<=3'b000;
always @ (posedge clk)
    if (fs==20) fs<=0; else fs<=fs+1;
always @ (posedge fclk)
    if (cc==29) cc<=0; else cc<=cc+1;
always @ (posedge cclk)
    if (ll==481) ll<=0; else ll<=ll+1;
always @ (cc or ll) begin
    if (cc>23) hs1<=1'b0; else hs1<=1'b1;          //行同步
    if (ll>479) vs1<=1'b0; else vs1<=1'b1; end     //场同步
always @ (cc or ll) begin                          //横彩条
    if (cc<3) grbx<=3'b111;
    else if (cc<6) grbx<=3'b110;
    else if (cc<9) grbx<=3'b101;
    else if (cc<12) grbx<=3'b100;
    else if (cc<15) grbx<=3'b011;
    else if (cc<18) grbx<=3'b010;
    else if (cc<21) grbx<=3'b001;
    else grbx<=3'b000;
    if (ll<60) grby<=3'b111;                        //竖彩条
    else if (ll<120) grby<=3'b110;
    else if (ll<180) grby<=3'b101;
    else if (ll<240) grby<=3'b100;
    else if (ll<300) grby<=3'b011;
    else if (ll<360) grby<=3'b010;
    else if (ll<420) grby<=3'b001;
    else grby<=3'b000;  end
assign hs=hs1;
assign fclk=fs[3];
assign vs=vs1;
```

```
assign g=grb[3];
assign r=grb[2];
assign b=grb[1];
assign cclk=cc[4];
endmodule
```

3．设计扩展

设计一个简单的贪吃蛇游戏。自定义蛇和老鼠的图像，用 4 个按键控制蛇的运动方向，老鼠出现的位置随机，能显示得分情况和剩余时间，蛇撞墙或游戏时间到则游戏结束。

6.5　DDS 信号发生器的设计

1．设计要求

设计一个基于 DDS 的正弦波信号发生器。

2．设计实现

1）DDS 原理

DDS（Direct Digital Synthesis）即直接数字合成器，是一种新型的频率合成技术，具有较高的频率分辨率，可以实现快速频率切换，并且在改变时能够保持相位的连续，很容易实现频率、相位和幅度的数控调制。因此，在现代电子系统及设备的频率源设计中，尤其在通信领域应用尤为广泛。

DDS 的工作原理是：利用采样定理，按一定的相位间隔，将待产生的波形幅度的二进制数据存储于高速存储器中。用晶体振荡器作为时钟，用频率控制字决定每次从查找表中取出波形数据的相位间隔，以产生不同的输出频率。对取出的波形数据经过高速模数转换器合成所需波形，再经过低通滤波器输出。

将一个周期的波形进行 2^N 点采样后存于 ROM 存储器中，在系统时钟的控制下，存储器的波形数据将不断被读取。设系统时钟频率为 f_{clk}，则读完一个周期的波形数据需要的时间为 $2^N/f_{clk}$，输出波形频率为 $f_{clk}/2^N$，这个频率相当于"基频"。频率控制字 M 又称为相位增量，每次读数时，在上一次 ROM 地址上增加 M，每隔 M 个点读取一次，见图 6-16，经过频率控制字后的输出波形频率为 f_{out}，有：

$$f_{out} = M(f_{clk}/2^N) \tag{2}$$

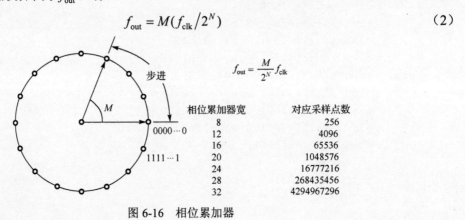

$$f_{out} = \frac{M}{2^N} f_{clk}$$

相位累加器宽	对应采样点数
8	256
12	4096
16	65536
20	1048576
24	16777216
28	268435456
32	4294967296

图 6-16　相位累加器

因此，当 $M=1$ 时，DDS 输出频率最低，为 $f_{clk}/2^N$；由奈奎斯特采样定理，当 $M=2^{N-1}$ 时，DDS 输出频率最高，为 $f_{clk}/2$。只要 N 足够大，DDS 就能获得较细的频率间隔和较高的频率分辨率。

图 6-17 是一个基本的 DDS 结构，主要由相位累加器、相位调制器、ROM 查找表和 D/A 转换器构成。其中相位累加器、相位调制器、ROM 查找表是 DDS 结构中的数字部分，具有数控频率合成的功能，又称为 NCO（Numerically Controlled Oscillators，数字控制振荡器）。

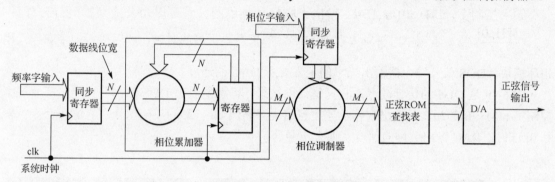

图 6-17　基本 DDS 结构

图 6-17 中，频率控制字输入经过了一组同步寄存器，使得当频率字改变时不会干扰相位累加器的正常工作。相位调制接收器接收相位累加器的相位输出，在这里加上了一个相位控制偏移值，主要用于信号的相位调制，如相移键控（PSK）等，在不使用时可以去掉该部分，或者加一个固定的常数相位控制字输入。相位控制输入最好也用同步寄存器保持同步。注意，相位控制输入字的位宽一般小于频率控制输入字的位宽。

2）DDS 信号发生器设计

根据 DDS 原理框图设计图 6-18 所示的 DDS 电路的顶层原理图。

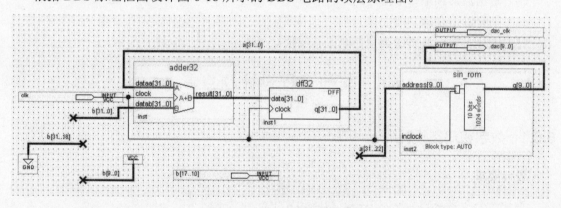

图 6-18　DDS 电路的顶层设计

其中相位累加器的位宽是 32，共有三个元件和一些接口，说明如下：

（1）32 位加法器 adder32，由 LPM_ADD_SUB 宏模块构成，设置了两级流水线结构，使其在时钟控制下有很高的运算速度和输入数据稳定性。

（2）32 位寄存器 dff32，由 LPM_FF 宏模块构成，与 adder32 一起构成 32 位相位累加器，其高 10 位 a[31…22]作为波形数据 ROM 的地址。

（3）波形数据 ROM，本例中正弦波数据 ROM 模块 sin_rom 的地址线和数据线位宽都是 10 位。即一个周期的正弦波数据取 1024 个采样点，每个数据有 10 位，其输出可以接一个 10 位的高速 DAC；如果只有 8 位 DAC，可以截去低 2 位输出。ROM 的初始化数据由 mif 文件生成器产生，具体使用方法参照附录 A。

（4）频率控制字输入 b[17…10]，本来的频率控制字是 32 位的，为了方便实验验证（实验箱的输入拨码开关只有 8 个），把高于 17 位和低于 10 位的频率控制字输出预先设置为 0 或 1。

频率控制字 b[31…0] 与 DAC 输出正弦信号频率的关系可以由公式（2）算出，即：$f_{out} = \dfrac{b[31..0]}{2^{32}} f_{clk}$，本例中时钟频率取 20MHz。如果需要更高的时钟，可以接入一个嵌入式锁相环模块。DDS 信号发生器输出频率的上限要看 DAC 的速度。

图 6-19 是 DDS 的仿真波形，它只是局部结果，但也能看出 DDS 的部分性能。随着频率控制字 b[31…0] 的加大，输出数据的速度也将提高。例如，当 b[17…10] 分别取值 0xf5、0x56 和 0x1f 时，DAC 输出数据的速度有很大不同。

图 6-19　DDS 仿真波形

3. 设计扩展实验内容

设计多功能 DDS 信号发生器，具体要求如下：
（1）能产生正弦波、三角波、方波和锯齿波等周期性波形；
（2）用键盘输入编辑生成上述 4 种波形（同周期）的线性组合波形；
（3）输出波形频率、幅值可调；
（4）具有波形存储功能；
（5）能显示输出波形的类型、频率和幅值。

6.6　其他课程设计题目参考

6.6.1　数字密码锁设计

设计要求

设计一个数字密码锁控制电路，密码为 4 位，具有密码重置功能。

（1）当输入正确密码时，输出开锁信号；密码错误时提示，连续三次输错密码密码锁将无法再打开，并发出报警信号。同时用指示灯指示密码锁的状态，绿灯表示开锁，红灯表示关锁。

（2）密码锁的密码可以修改，在开锁状态下才能设置新密码，新密码需要重复输入两次，两次输入新密码相同时提示密码修改成功。

（3）检测到第一个按键输入后 30 秒内若未成功开锁，密码锁将锁定，并发出报警信号。

6.6.2　出租车计价器设计

设计要求

设计一个出租车计价器，能显示里程、费用和等候时间。乘客上车后，按下启动键，开始计费；到达目的地再次按启动，停止计费并打印发票。还设置车载状态指示灯，绿灯表示空车，红灯表示载客。出租车计费标准如下：

（1）起步价 3 公里 10 元；

（2）3 公里至 10 公里，每公里 2.5 元；

（3）10 公里以上每公里 3.5 元；

（4）等候费每 4 分钟 2.5 元。

6.6.3　高层电梯控制器设计

设计要求

设计一个 16 层电梯控制器，包括主控制器和分控制器。主控制器在电梯内部，分控制器在每层电梯入口。

主控制器功能如下：

（1）在电梯开关打开时响应请求，否则不响应。

（2）电梯初始位置是 1 层，电梯每秒升/降一层。

（3）电梯运行时指示运行方向和当前所在楼层。

（4）电梯收到请求后自动到达用户所在楼层，自动开门；等待 5 秒后自动关门，继续运行；如果没有请求信号，停留在当前楼层。

（5）记忆电梯内外所有请求，并按电梯运行顺序执行，在执行后清除请求。电梯运行规则：当电梯处于上升状态时，仅响应比当前楼层更高的用户请求；当电梯处于下降状态时，仅响应比当前楼层更低的用户请求。

（6）具有提前关门和延迟关门功能。

分控制器功能如下：

（1）设有上升和下降请求按钮，实时检测用户按键。

（2）指示电梯当前运行方向和所在楼层。

（3）当电梯到达本层时，清除相应的上升或下降请求。

6.6.4　等精度数字频率计设计

设计要求

设计一个等精度数字频率计，在整个频率区域保持恒定的测量精度，频率计设计指标要求如下：

（1）具有测频功能，测频范围 0.1Hz～70MHz，测频范围内相对误差为 0.0001%。

（2）具有脉宽测量功能，测量范围 0.1μs～1s，测量精度 0.01μs。

（3）具有占空比测量功能，测量范围 1%～99%。

（4）具有超量程、欠量程提示功能。

6.6.5　LED 点阵显示系统设计

设计要求

用 FPGA 实现一个 16×16 LED 点阵显示系统，要求如下：

（1）显示 0～9 十个数字，并实现从 19 开始的倒计时；

（2）能显示英文和汉字；

（3）能循环滚动显示"杭州欢迎你！"与"Welcome to Hangzhou!"；

（4）能够在外部按键的控制下实现显示字符向左或向右滚动，并能实现中英文字符的切换。

6.6.6　通用异步收发器设计

通用异步收发器（UART）是一种应用广泛的短距离串行传输接口，常用于短距离、低速、低成本的通信中。基本的 UART 通信只需要 TXD、RXD 两条信号线就可以完成数据的互相通信，发送与接收是全双工模式。

UART 的数据格式如图 6-20 所示。UART 空闲时，数据线保持在高电平状态。发送器先发送一个低电平起始位（START）；接着开始一个字节的传输，传输数据时低位在前、高位在后，即按 D_0～D_7 顺序依次发送；然后发送校验位和高电平停止位。校验位用来判断接收数据位有无错误，一般是奇偶校验，在使用中该位常常取消。

图 6-20　UART 数据帧格式

设计要求

设计一个通用异步收发器，包括波特率发生器、发送模块和接收模块，实现串行数据按图 6-20 所示的帧格式进行发送和接收。串口数据的波特率分别为 2400bps、4800bps、9600bps 和 19200bps 可调。

6.6.7　直流电机控制系统设计

对直流电机进行调速，可改变加载电机两端的电压值，其实质是对一频率固定的脉冲的占空比进行调节，故可用 PWM（脉冲宽度调制）来控制电机调速。用 FPGA 产生的 PWM 波形与一般的模拟 PWM 控制器不同，只需 FPGA 内部资源就可以实现。用数字比较器代替模拟比较器，其一端接设定值计数器输出，另一端接线性递增计数器输出。当线性计数器的计数值小于设定值时输出低电平，当计数值大于设定值时输出高电平。与模拟控制相比，省去了外接的 D/A 转换器和模拟比较器，FPGA 外部连线很少，电路更加简单，便于控制。

设计要求

设计一个直流电机控制系统，具有以下功能：

（1）能对直流电机进行速度控制、旋转方向控制和变速控制。

（2）实现直流电机的闭环控制，要求旋转速度可设置，转速范围为 10～40 转/秒。

（3）加上脉冲信号去抖模块，对来自红外光电电路测得的转速脉冲信号进行数字滤波，实现对直流电机转速的精确测量。

6.6.8　数据采集系统设计

计算机就是一个典型的数学系统，但它只能对输入数字信号进行处理，其输出信号也是数字信号。而在工业检测控制和生活中的许多物理量都是连续变化的模拟量，如温度、压力、流量、速度等。A/D 转换器是模拟信号源与计算机或其他数字系统之间联系的桥梁，它将连续变化的模拟信号转换为数字信号，以便计算机或数字系统进行处理。在工业控制和数据采集及其他许多领域中，A/D 转换器是不可缺少的重要组成部分。在选用 A/D 转换器时，主要根据使用场合的具体要求，按照转换速度、精度、功能以及接口条件等因素决定选择何种信号的 A/D 转换芯片。

设计要求

实现一个基于 FPGA 的数据采集系统，采用 10 位 A/D 芯片 ADS825，能够分别对温度和电压信号进行采集并显示结果。

附录 A 常用 74 系列芯片功能

型号	功能	型号	功能
74LS00	2 输入四与非门	74LS40	4 输入双与非缓冲器
74LS01	2 输入四与非门（OC）	74LS41	BCD-十进制计数器
74LS02	2 输入四或非门	74LS42	4-10 线译码器（BCD 输入）
74LS03	2 输入四与非门（OC）	74LS43	4-10 线译码器（余 3 码输入）
74LS04	六反相器	74LS44	4-10 线译码器（余 3 葛莱码输入）
74LS05	六反相器（OC）	74LS45	BCD-十进制译码器/驱动器
74LS06	六高压输出反相缓冲器/驱动器（OC,30V）	74LS46	BCD-七段译码器/驱动器
74LS07	六高压输出缓冲器/驱动器（OC,30V）	74LS47	BCD-七段译码器/驱动器
74LS08	2 输入四与门	74LS48	BCD-七段译码器/驱动器
74LS09	2 输入四与门（OC）	74LS49	BCD-七段译码器/驱动器（OC）
74LS10	3 输入三与非门	74LS50	双二路 2-2 输入与或非门（一门可扩展）
74LS11	3 输入三与门	74LS51	双二路 2-2 输入与或非门
74LS12	3 输入三与非门（OC）	74LS51	二路 3-3 输入，二路 2-2 输入与或非门
74LS13	4 输入双与非（斯密特触发）	74LS52	四路 2-3-2-2 输入与或门（可扩展）
74LS14	六倒相器（斯密特触发）	74LS53	四路 2-2-2-2 输入与或非门（可扩展）
74LS15	3 输入三与门（OC）	74LS53	四路 2-2-3-2 输入与或非门（可扩展）
74LS16	六高压输出反相缓冲器/驱动器（OC，15V）	74LS54	四路 2-2-2-2 输入与或非门
74LS17	六高压输出缓冲器/驱动器（OC，15V）	74LS54	四路 2-3-3-2 输入与或非门
74LS18	4 输入双与非（斯密特触发）	74LS54	四路 2-2-3-2 输入与或非门
74LS19	六倒相器（斯密特触发）	74LS55	二路 4-4 输入与或非门（可扩展）
74LS20	4 输入双与非门	74LS60	双四输入与扩展
74LS21	4 输入双与门	74LS61	三 3 输入与扩展
74LS22	4 输入双与非门（OC）	74LS62	四路 2-3-3-2 输入与或扩展器
74LS23	双可扩展的输入或非门	74LS63	六电流读出接口门
74LS24	2 输入四与非门（斯密特触发）	74LS64	四路 4-2-3-2 输入与或非门
74LS25	4 输入双或非门（有选通）	74LS65	四路 4-2-3-2 输入与或非门（OC）
74LS26	2 输入四高电平接口与非缓冲器（OC，15V）	74LS70	与门输入上升沿 JK 触发器
74LS27	3 输入三或非门	74LS71	与输入 R-S 主从触发器
74LS28	2 输入四或非缓冲器	74LS72	与门输入主从 JK 触发器
74LS30	8 输入与非门	74LS73	双 J-K 触发器（带清除端）
74LS31	延迟电路	74LS74	正沿触发双 D 型触发器（带预置端和清除端）
74LS32	2 输入四或门	74LS75	4 位双稳锁存器
74LS33	2 输入四或非缓冲器（集电极开路输出）	74LS76	双 J-K 触发器（带预置端和清除端）
74LS34	六缓冲器	74LS77	4 位双稳态锁存器
74LS35	六缓冲器（OC）	74LS78	双 J-K 触发器（带预置端、公共清除端和公共时钟端）
74LS36	2 输入四或非门（有选通）	74LS80	门控全加器
74LS37	2 输入四与非缓冲器	74LS81	16 位随机存取存储器
74LS38	2 输入四与非缓冲器（集电极开路输出）	74LS82	2 位二进制全加器（快速进位）
74LS39	2 输入四或非缓冲器（集电极开路输出）	74LS83	4 位二进制全加器（快速进位）

型号	功能	型号	功能
74LS84	16 位随机存取存储器	74LS145	4-10 译码器/驱动器
74LS85	4 位数字比较器	74LS147	10-4 线优先编码器
74LS86	2 输入四异或门	74LS148	8-3 线八进制优先编码器
74LS87	四位二进制原码/反码/oi 单元	74LS150	16 选 1 数据选择器（反补输出）
74LS89	64 位读/写存储器	74LS151	8 选 1 数据选择器（互补输出）
74LS90	十进制计数器	74LS152	8 选 1 数据选择器多路开关
74LS91	八位移位寄存器	74LS153	双 4 选 1 数据选择器/多路选择器
74LS92	12 分频计数器（2 分频和 6 分频）	74LS154	4-16 线译码器
74LS93	4 位二进制计数器	74LS155	双 2-4 译码器/分配器（图腾柱输出）
74LS94	4 位移位寄存器（异步）	74LS156	双 2-4 译码器/分配器（集电极开路输出）
74LS95	4 位移位寄存器（并行 IO）	74LS157	四 2 选 1 数据选择器/多路选择器
74LS96	5 位移位寄存器	74LS158	四 2 选 1 数据选择器（反相输出）
74LS97	六位同步二进制比率乘法器	74LS160	可预置 BCD 计数器（异步清除）
74LS100	八位双稳锁存器	74LS161	可预置四位二进制计数器（并清除异步）
74LS103	负沿触发双 J-K 主从触发器（带清除端）	74LS162	可预置 BCD 计数器（异步清除）
74LS106	负沿触发双 J-K 主从触发器（带预置，清除，时钟）	74LS163	可预置四位二进制计数器（并清除异步）
74LS107	双 J-K 主从触发器（带清除端）	74LS164	8 位并行输出串行移位寄存器
74LS108	双 J-K 主从触发器（带预置，清除，时钟）	74LS165	并行输入 8 位移位寄存器（补码输出）
74LS109	双 J-K 触发器（带置位，清除，正触发）	74LS166	8 位移位寄存器
74LS110	与门输入 J-K 主从触发器（带锁定）	74LS167	同步十进制比率乘法器
74LS111	双 J-K 主从触发器（带数据锁定）	74LS168	4 位加/减同步计数器（十进制）
74LS112	负沿触发双 J-K 触发器（带预置端和清除端）	74LS169	同步二进制可逆计数器
74LS113	负沿触发双 J-K 触发器（带预置端）	74LS170	4×4 寄存器堆
74LS114	双 J-K 触发器（带预置端，共清除端和时钟端）	74LS171	四 D 触发器（带清除端）
74LS116	双四位锁存器	74LS172	16 位寄存器堆
74LS120	双脉冲同步器/驱动器	74LS173	4 位 D 型寄存器（带清除端）
74LS121	单稳态触发器（施密特触发）	74LS174	六 D 触发器
74LS122	可再触发单稳态多谐振荡器（带清除端）	74LS175	四 D 触发器
74LS123	可再触发双单稳多谐振荡器	74LS176	十进制可预置计数器
74LS125	四总线缓冲门（三态输出）	74LS177	二-八-十六进制可预置计数器
74LS126	四总线缓冲门（三态输出）	74LS178	四位通用移位寄存器
74LS128	2 输入四或非线驱动器	74LS179	四位通用移位寄存器
74LS131	3-8 译码器	74LS180	九位奇偶产生/校验器
74LS132	2 输入四与非门（斯密特触发）	74LS181	算术逻辑单元/功能发生器
74LS133	13 输入端与非门	74LS182	先行进位发生器
74LS134	12 输入端与门（三态输出）	74LS183	双保留进位全加器
74LS135	四异或/异或非门	74LS184	BCD-二进制转换器
74LS136	2 输入四异或门（OC）	74LS185	二进制-BCD 转换器
74LS137	8 选 1 锁存译码器/多路转换器	74LS190	同步可逆计数器（BCD，二进制）
74LS138	3-8 线译码器/多路转换器	74LS191	同步可逆计数器（BCD，二进制）
74LS139	双 2-4 线译码器/多路转换器	74LS192	同步可逆计数器（BCD，二进制）
74LS140	双 4 输入与非线驱动器	74LS193	同步可逆计数器（BCD，二进制）
74LS141	BCD-十进制译码器/驱动器	74LS194	四位双向通用移位寄存器
74LS142	计数器/锁存器/译码器/驱动器	74LS195	四位通用移位寄存器

型号	功能	型号	功能
74LS196	可预置计数器/锁存器	74LS293	4 位二进制计数器
74LS197	可预置计数器/锁存器（二进制）	74LS294	16 位可编程模
74LS198	八位双向移位寄存器	74LS295	四位双向通用移位寄存器
74LS199	八位移位寄存器	74LS298	四-2 输入多路转换器（带选通）
74LS210	二-五-十进制计数器	74LS299	八位通用移位寄存器（三态输出）
74LS213	二-N-十可变进制计数器	74LS348	8-3 线优先编码器（三态输出）
74LS221	双单稳触发器	74LS352	双 4 选 1 数据选择器/多路转换器
74LS230	八 3 态总线驱动器	74LS353	双 4-1 线数据选择器（三态输出）
74LS231	八 3 态总线反向驱动器	74LS354	8 输入端多路转换器/数据选择器/寄存器，三态补码输出
74LS240	八缓冲器/线驱动器/线接收器（反码三态输出）	74LS355	8 输入端多路转换器/数据选择器/寄存器，三态补码输出
74LS241	八缓冲器/线驱动器/线接收器（原码三态输出）	74LS356	8 输入端多路转换器/数据选择器/寄存器，三态补码输出
74LS242	八缓冲器/线驱动器/线接收器	74LS357	8 输入端多路转换器/数据选择器/寄存器，三态补码输出
74LS243	4 同相三态总线收发器	74LS365	6 总线驱动器
74LS244	八缓冲器/线驱动器/线接收器	74LS366	六反向三态缓冲器/线驱动器
74LS245	八双向总线收发器	74LS367	六同向三态缓冲器/线驱动器
74LS246	4 线-七段译码/驱动器（30V）	74LS368	六反向三态缓冲器/线驱动器
74LS247	4 线-七段译码/驱动器（15V）	74LS373	八 D 锁存器
74LS248	4 线-七段译码/驱动器	74LS374	八 D 触发器（三态同相）
74LS249	4 线-七段译码/驱动器	74LS375	4 位双稳态锁存器
74LS251	8 选 1 数据选择器（三态输出）	74LS377	带使能的八 D 触发器
74LS253	双 4 选 1 数据选择器（三态输出）	74LS378	六 D 触发器
74LS256	双四位可寻址锁存器	74LS379	四 D 触发器
74LS257	四 2 选 1 数据选择器（三态输出）	74LS381	算术逻辑单元/函数发生器
74LS258	四 2 选 1 数据选择器（反码三态输出）	74LS382	算术逻辑单元/函数发生器
74LS259	8 为可寻址锁存器	74LS384	8 位×1 位补码乘法器
74LS260	双 5 输入或非门	74LS385	四串行加法器/乘法器
74LS261	4×2 并行二进制乘法器	74LS386	2 输入四异或门
74LS265	四互补输出元件	74LS390	双十进制计数器
74LS266	2 输入四异或非门（OC）	74LS391	双四位二进制计数器
74LS270	2048 位 ROM（512 位 4 字节，OC）	74LS395	4 位通用移位寄存器
74LS271	2048 位 ROM（256 位 8 字节，OC）	74LS396	八位存储寄存器
74LS273	八 D 触发器	74LS398	四 2 输入端多路开关（双路输出）
74LS274	4×4 并行二进制乘法器	74LS399	四-2 输入多路转换器（带选通）
74LS275	七位片式华莱士树乘法器	74LS422	单稳态触发器
74LS276	四 JK 触发器	74LS423	双单稳态触发器
74LS278	四位可级联优先寄存器	74LS440	四 3 方向总线收发器，集电极开路
74LS279	四 S-R 锁存器	74LS441	四 3 方向总线收发器，集电极开路
74LS280	9 位奇数/偶数奇偶发生器/较验器	74LS442	四 3 方向总线收发器，三态输出
74LS281	4 位并行二进制累加器	74LS443	四 3 方向总线收发器，三态输出
74LS283	4 位二进制全加器	74LS444	四 3 方向总线收发器，三态输出
74LS290	十进制计数器	74LS445	BCD-十进制译码器/驱动器，三态输出
74LS291	32 位可编程模	74LS446	有方向控制的双总线收发器

型号	功能	型号	功能
74LS448	四 3 方向总线收发器，三态输出	74LS646	八位总线收发器，寄存器
74LS449	有方向控制的双总线收发器	74LS647	八位总线收发器，寄存器
74LS465	八三态线缓冲器	74LS648	八位总线收发器，寄存器
74LS466	八三态线反向缓冲器	74LS649	八位总线收发器，寄存器
74LS467	八三态线缓冲器	74LS651	三态反相 8 总线收发器
74LS468	八三态线反向缓冲器	74LS652	三态反相 8 总线收发器
74LS490	双十进制计数器	74LS653	反相 8 总线收发器，集电极开路
74LS540	八位三态总线缓冲器（反向）	74LS654	同相 8 总线收发器，集电极开路
74LS541	八位三态总线缓冲器	74LS668	4 位同步加/减十进制计数器
74LS589	有输入锁存的并入串出移位寄存器	74LS669	带先行进位的 4 位同步二进制可逆计数器
74LS590	带输出寄存器的 8 位二进制计数器	74LS670	4×4 寄存器堆（三态）
74LS591	带输出寄存器的 8 位二进制计数器	74LS671	带输出寄存的四位并入并出移位寄存器
74LS592	带输出寄存器的 8 位二进制计数器	74LS672	带输出寄存的四位并入并出移位寄存器
74LS593	带输出寄存器的 8 位二进制计数器	74LS673	16 位并行输出存储器，16 位串入串出移位寄存器
74LS594	带输出锁存的 8 位串入并出移位寄存器	74LS674	16 位并行输入串行输出移位寄存器
74LS595	8 位输出锁存移位寄存器	74LS681	4 位并行二进制累加器
74LS596	带输出锁存的 8 位串入并出移位寄存器	74LS682	8 位数值比较器（图腾柱输出）
74LS597	8 位输出锁存移位寄存器	74LS683	8 位数值比较器（集电极开路）
74LS598	带输入锁存的并入串出移位寄存器	74LS684	8 位数值比较器（图腾柱输出）
74LS599	带输出锁存的 8 位串入并出移位寄存器	74LS685	8 位数值比较器（集电极开路）
74LS604	双 8 位锁存器	74LS686	8 位数值比较器（图腾柱输出）
74LS605	双 8 位锁存器	74LS687	8 位数值比较器（集电极开路）
74LS606	双 8 位锁存器	74LS688	8 位数字比较器（OC 输出）
74LS607	双 8 位锁存器	74LS689	8 位数字比较器
74LS620	八位三态总线发送接收器（反相）	74LS690	同步十进制计数器/寄存器（带数选，三态输出，直接清除）
74LS621	8 位总线收发器	74LS691	计数器/寄存器（带多转换，三态输出）
74LS622	8 位总线收发器	74LS692	同步十进制计数器（带预置输入，同步清除）
74LS623	8 位总线收发器	74LS693	计数器/寄存器（带多转换，三态输出）
74LS640	反相总线收发器（三态输出）	74LS696	同步加/减十进制计数器/寄存器（带数选，三态输出，直接清除）
74LS641	同相 8 总线收发器，集电极开路	74LS697	计数器/寄存器（带多转换，三态输出）
74LS642	同相 8 总线收发器，集电极开路	74LS698	计数器/寄存器（带多转换，三态输出）
74LS643	八位三态总线发送接收器	74LS699	计数器/寄存器（带多转换，三态输出）
74LS644	真值反相 8 总线收发器，集电极开路	74LS716	可编程模 N 十进制计数器
74LS645	三态同相 8 总线收发器	74LS718	可编程模 N 十进制计数器

附录 B　常用 4000 系列芯片功能

型号	功能	型号	功能
CD4000	双 3 输入端或非门单非门	CD4046	锁相环
CD4001	四 2 输入端或非门	CD4047	无稳态/单稳态多谐振荡器
CD4002	双 4 输入端或非门	CD4048	四输入端可扩展多功能门
CD4006	18 位串入/串出移位寄存器	CD4049	六反相缓冲/变换器
CD4007	双互补对加反相器	CD4050	六同相缓冲/变换器
CD4008	4 位超前进位全加器	CD4051	八选一模拟开关
CD4009	六反相缓冲/变换器	CD4052	双选模拟开关
CD4010	六同相缓冲/变换器	CD4053	三组二路模拟开关
CD4011	四 2 输入端与非门	CD4054	液晶显示驱动器
CD4012	双 4 输入端与非门	CD4055	BCD-七段译码/液晶驱动器
CD4013	双主-从 D 型触发器	CD4056	液晶显示驱动器
CD4014	8 位串入/并入-串出移位寄存器	CD4059	"N" 分频计数器 NSC/TI
CD4015	双 4 位串入/并出移位寄存器	CD4060	14 级二进制串行计数/分频器
CD4016	四传输门	CD4063	四位数字比较器
CD4017	十进制计数/分配器	CD4066	四传输门
CD4018	可预制 1/N 计数器	CD4067	16 选 1 模拟开关
CD4019	四与或选择器	CD4068	八输入端与非门/与门
CD4020	14 级串行二进制计数/分频器	CD4069	六反相器
CD4021	8 位串入/并入-串出移位寄存器	CD4070	四异或门
CD4022	八进制计数/分配器	CD4071	四 2 输入端或门
CD4023	三 3 输入端与非门	CD4072	双 4 输入端或门
CD4024	7 级二进制串行计数/分频器	CD4073	三 3 输入端与门
CD4025	三 3 输入端或非门	CD4075	三 3 输入端或门
CD4026	十进制计数/七段译码器	CD4076	四 D 寄存器
CD4027	双 J-K 触发器	CD4077	四输入端异或非门
CD4028	BCD 码十进制译码器	CD4078	8 输入端或非门/或门
CD4029	可预置可逆计数器	CD4081	四 2 输入端与门
CD4030	四异或门	CD4082	双 4 输入端与门
CD4031	64 位串入/串出移位存储器	CD4085	双 2 路 2 输入端与或非门
CD4032	三串行加法器	CD4086	四 2 输入端可扩展与或非门
CD4033	十进制计数/七段译码器	CD4089	二进制比例乘法器
CD4034	8 位通用总线寄存器	CD4093	四输入端施密特触发器
CD4035	4 位并入/串入-并出/串出移位寄存	CD4095	三输入端 J-K 触发器
CD4038	三串行加法器	CD4096	三输入端 J-K 触发器
CD4040	12 级二进制串行计数/分频器	CD4097	双路八选一模拟开关
CD4041	四同相/反相缓冲器	CD4098	双单稳态触发器
CD4042	四锁存 D 型触发器	CD4099	8 位可寻址锁存器
CD4043	三态 R-S 锁存触发器（"1"触发）	CD40100	32 位左/右移位寄存器
CD4044	四三态 R-S 锁存触发器（"0"触发）	CD40101	9 位奇偶较验器

型号	功能	型号	功能
CD40102	8 位可预置同步 BCD 减法计数器	CD4517	双 64 位静态移位寄存器
CD40103	8 位可预置同步二进制减法计数器	CD4518	双 BCD 同步加计数器
CD40104	4 位双向移位寄存器	CD4519	四位与或选择器
CD40105	先入先出 FI-FD 寄存器	CD4520	双 64 位二进制同步加计数器
CD40106	六施密特触发器	CD4521	24 级分频器
CD40107	双 2 输入端与非缓冲/驱动器	CD4522	可预置 BCD 同步 1/N 计数器
CD40108	4 字×4 位多通道寄存器	CD4526	可预置 4 位二进制同步 1/N 计数器
CD40109	四低-高电平位移器	CD4527	BCD 比例乘法器
CD40110	十进制加/减，计数，锁存，译码驱动	CD4528	双单稳态触发器
CD40147	10-4 线编码器	CD4529	双四路/单八路模拟开关
CD40160	可预置 BCD 加计数器	CD4530	双 5 输入端优势逻辑门
CD40161	可预置 4 位二进制加计数器	CD4531	12 位奇偶校验器
CD40162	BCD 加法计数器	CD4532	8 位优先编码器
CD40163	4 位二进制同步计数器	CD4536	可编程定时器
CD40174	六锁存 D 型触发器	CD4538	精密双单稳
CD40175	四 D 型触发器	CD4539	双四路数据选择器
CD40181	4 位算术逻辑单元/函数发生器	CD4541	可编程序振荡/计时器
CD40182	超前位发生器	CD4543	BCD 七段锁存译码，驱动器
CD40192	可预置 BCD 加/减计数器（双时钟）	CD4544	BCD 七段锁存译码，驱动器
CD40193	可预置 4 位二进制加/减计数器	CD4547	BCD 七段译码/大电流驱动器
CD40194	4 位并入/串入-并出/串出移位寄存	CD4549	函数近似寄存器
CD40195	4 位并入/串入-并出/串出移位寄存	CD4551	四 2 通道模拟开关
CD40208	4×4 多端口寄存器	CD4553	三位 BCD 计数器
CD4501	4 输入端双与门及 2 输入端或非门	CD4555	双二进制四选一译码器/分离器
CD4502	可选通三态输出六反相/缓冲器	CD4556	双二进制四选一译码器/分离器
CD4503	六同相三态缓冲器	CD4558	BCD 八段译码器
CD4504	六电压转换器	CD4560	"N"BCD 加法器
CD4506	双二组 2 输入可扩展或非门	CD4561	"9"求补器
CD4508	双 4 位锁存 D 型触发器	CD4573	四可编程运算放大器
CD4510	可预置 BCD 码加/减计数器	CD4574	四可编程电压比较器
CD4511	BCD 锁存七段译码，驱动器	CD4575	双可编程运放/比较器
CD4512	八路数据选择器	CD4583	双施密特触发器
CD4513	BCD 锁存，七段译码，驱动器（消隐）	CD4584	六施密特触发器
CD4514	4 位锁存，4 线-16 线译码器	CD4585	4 位数值比较器
CD4515	4 位锁存，4 线-16 线译码器	CD4599	8 位可寻址锁存器
CD4516	可预置 4 位二进制加/减计数器	CD22100	4×4×1 交叉点开关

附录 C　KX_7C 系列实验开发系统使用说明

本书给出的设计类示例总类广、接口多，考虑到性价比、功耗等因素，我们选择康芯公司的 SOC/家庭实验室 KX_7C 系列实验开发系统为硬件实现平台。下面简单介绍 KX_7C5E+系统及使用注意事项。

F3.1　KX_7C5E+系统介绍

KX_7C5E+开发板的核心器件为 Altera 公司 CycloneIII 系列 FPGA——EP3C5E144，含 5136 个逻辑宏单元、两个锁相环，输出频率 2kHz～1300MHz，约 50 万门、42 万 RAM bit。此芯片还含 NiosII32 位嵌入式处理器；包含全兼容工业级 8051 核，其主频高可达 250MHz，是普通 8051 单片机速度的 20 倍。因此可以完成语音级的 DSP 处理，还可进行 SOC 系统设计。

KX_7C5E+开发板通过 USB 口供电，板上资源包括 EPM3032CPLD、4M EPCS1 Flash、蜂鸣器、20MHz 晶振、8 个按键、8 个 LED 灯、8 个拨码开关、3 个数码管；板上接口包括 JTAG、VGA、RS232 接口、双 PS2 口、字符型液晶驱动口（可直接接多种类型的字符型液晶）、点阵型液晶驱动口（可直接接数字彩色或黑白点阵型液晶）和多个可扩展的 I/O 口；板上包括 1.2V、2.5V、3.3V、5V 等多种电压源。

KX_7C5E+开发板上已将上述资源、接口以及对应的 FPGA 端口引脚都标在电路板上，引脚锁定时无需查表或查原理图，使用非常方便。

KX_7C5E+开发板实物如图 C-1 所示，下面对照图中的标注对各接口进行说明。

① 8 个发光管 D1～D8；

② 蜂鸣器 SPK，右侧的蜂鸣器跳线插座，可以选择 FPGA 的 pin11 或 pin143 输出控制蜂鸣器；

③ PS2 键盘接口；

④ PS2 鼠标接口；

⑤ 全局时钟输入口；

⑥ USB 电源接口；

⑦ 3 个数码管 LEDA、LEDB 和 LEDC，前两个数码管显示四位二进制数，第三个直接八段驱动（具体接口见电路板）；

⑧ 8 个按键 K1～K8，默认高电平，按下后低电平；

⑨ 2 行×16 字、4 行×16 字、4 行×20 字等多种字符型液晶屏接口；

⑩ RS232 串口；

⑪ 两组共 8 个拨码开关，开关 "ON" 状态时为低电平，不用时将开关拨至高电平；

⑫ 第 2 锁相环时钟输入口，注意使用此接口时要将 "P91" 对应的拨码开关拨向 "1"；

⑬ VGA 接口；

⑭ 128×64 点阵型液晶屏接口；

图 C-1　KX_7C5E+开发板

⑮ 液晶对比度调谐电位器；

⑯ JTAG 接口

⑰ FJ1 口，I/O 口兼彩色液晶屏接口；

⑱ FJ6 口，I/O 口兼 4×4 键盘接口；

⑲～㉓ 分别对应 FJ2、FJ3、FJ5、FJ7 和 FJ9 五个一般的十芯 I/O 口；

㉔ 数字温度器接口，插上 DS18B20 可以进行数字测温实验，注意插入方向。

KX_7C5E+开发板外围可连接许多扩展模块，比如键盘模块、数码显示模块、A/D 和 D/A 转换模块、电机模块等。开发板与扩展板之间主要通过 FG1～FG9 等 I/O 口连接，这些 I/O 口大部分采用十芯线连接，所有扩展模块都是标准化的。每个十芯座有 10 根针，中间的两根针分别是 VCC 和 GND，在其他 8 根针旁边标出了引脚号，全部在旁边标出，用户在使用时用十芯线连接，根据每根针所在的位置一一对应锁定引脚号即可。

F3.2　KX_7C5E+系统使用注意事项

KX_7C5E+系统的 FPGA 是 CycloneIII 系列 45nm 高集成度 FPGA，内核电压仅 1.2V，使用时要特别注意，不要被过高的电脉冲或静电损坏。

1．谨防高压静电

用户的手，或者某些接口电路，如 VGA 接口等，都可能有高压静电，或高压感应交流电。它们极其容易损坏 FPGA！特别要注意，电源接通后，徒手不可接触 FPGA 的 I/O 口、专用输入口、JTAG 口等。VGA 口不可热电插拔！使用 VGA 时，必须先关闭 VGA 电源，再插入 KX_7C5E+板（先开 KX_7C5E+板的电源），然后打开电源。

2．注意 I/O 口限流

KX_7C5E+系统的 CycloneIII 系列 FPGA 的 I/O 口电平都设在 3.3V。如果有外部信号高于此电压，必须做处理后输入；如果是 TTL 的 5V 工作电平，必须串接 300～400Ω的电阻，如果信号在 10MHz 或以上，可串接 200Ω的电阻。绝对不能将 TTL 5V 信号直接引入 FPGA 的 I/O 口！

3．接口复用情况

使用时需注意，FPGA 的部分引脚在不同接口有复用，分配引脚时不能重复，具体见开发板引脚和信号标识。

参 考 文 献

[1] 潘松，黄继业，潘明. EDA 技术实用教程——Verilog HDL 版. 5 版. 北京：科学出版社，2013.

[2] 黄继业，潘松. EDA 技术及其创新实践（Verilog HDL 版）. 北京：电子工业出版社，2012.

[3] 潘松，黄继业，陈龙. EDA 技术与 Verilog HDL. 北京：清华大学出版社，2010.

[4] 周立功. EDA 实验与实践. 北京：北京航空航天大学出版社，2007.

[5] 黄沛昱. EDA 技术与 VHDL 设计实验指导. 西安：西安电子科技大学出版社，2012.

[6] 黄智伟. FPGA 系统设计与实践. 北京：电子工业出版社，2007.

[7] 阎石. 数字电子技术基础. 5 版. 北京：高等教育出版社，2006.

[8] 夏宇闻. Verilog 数字系统设计教程. 2 版. 北京：北京航空航天大学出版社，2006.

[9] 李芸，黄继业，盛庆华. EDA 技术实践教程. 北京：电子工业出版社，2014.

[10] Altera Corporation. Quartus II Hand Book Version9.1，2010.

[11] 梅开乡，梅军进. 电子电路设计与制作. 北京：北京理工大学出版社，2010.

[12] 严天峰，王耀琦. 电子设计工程师实践教程. 北京：北京航空航天大学出版社，2011.

[13] 姜雪松，程绪建. 印刷电路板工程设计. 北京：机械工业出版社，2010.

[14] 吴慎山. 数字电子技术实验与实践. 北京：电子工业出版社，2011.

[15] 李莉，路而红. 电子设计自动化（EDA）. 北京：中国电力出版社，2009.

[16] 艾明晶. EDA 设计实验教程. 北京：清华大学出版社，2014.